人工影响天气那些事儿

山西省气象局◎编著

U0363475

气象出版社

China Meteorological Press

图书在版编目（ＣＩＰ）数据

人工影响天气那些事儿 / 山西省气象局编著. -- 北
京：气象出版社，2022.12
ISBN 978-7-5029-7763-4

Ⅰ. ①人… Ⅱ. ①山… Ⅲ. ①人工影响天气－研究－
中国 Ⅳ. ①P48

中国版本图书馆CIP数据核字(2022)第128654号

人工影响天气那些事儿

Rengong Yingxiang Tianqi Naxieshir

出版发行：气象出版社

地　　址：北京市海淀区中关村南大街 46 号　　　　**邮政编码**：100081

电　　话：010–68407112（总编室）　010–68408042（发行部）

网　　址：http://www.qxcbs.com　　　　**E-mail**：qxcbs@cma.gov.cn

责任编辑：王鸿雁　　　　　　　　　　　　**终　　审**：吴晓鹏

责任校对：张硕杰　　　　　　　　　　　　**责任技编**：赵相宁

封面设计：艺点设计

印　　刷：北京地大彩印有限公司

开　　本：710 mm×1000 mm　1/16　　　　**印　　张**：5.75

字　　数：80 千字

版　　次：2022 年 12 月第 1 版　　　　　　**印　　次**：2022 年 12 月第 1 次印刷

定　　价：29.80 元

人工影响天气那些事儿

编 委 会

顾　问：梁亚春　秦爱民　胡　博　刘凌河
　　　　王文义　李韬光　胡建军

主　编：张向峰　闫佳逸　孙爱华　李　芳
　　　　姚佳林

编　委：张继宏　李培仁　孙鸿娉　李　强
　　　　李军霞　蔡兆鑫　高艳平

策　划：孙爱华　张向峰

近年来，我国人工影响天气工作快速发展，已由单纯的抗旱增雨、防雹减灾、水库蓄水向多领域扩展延伸，作业能力和管理水平不断提升，在服务农业生产、保障粮食安全、支持防灾减灾救灾、助力生态文明建设和保障重大活动等方面发挥了重要作用。人工影响天气工作上系国家战略实施，下系百姓民生福祉，社会需求越来越广，社会要求越来越高，社会影响力和关注度不断扩大攀升。然而，人工影响天气还是一门复杂、技术难度大、涉及学科领域广、处于试验和发展阶段的学科，尚有许多未解之谜有待科学家们深入探索和研究。因此，社会公众对人工影响天气的认知和理解还非常有限，偏差和误解时有发生，特别是在自媒体时代，一个小的问题和错误，经过媒体的传播，往往会被放大，如果没有正确的权威的知识来及时纠正，将给人工影响天气的正常发展和管理造成严重影响。

国务院办公厅发布的《国务院办公厅关于推进人工影响天气工作高质量发展的意见》（国办发〔2020〕47号）（以下简称《意见》），对我国人工影响天气工作特别是"十四五"期间的发展提出了新要求、新部署、新举措，是新时代人工影响天气发展的根本遵循和行动指南。《意见》对加强科普宣传工作提出具体要求：要将人工影响天气作为公益性科普宣传的重要内容，纳入国民素质教育体系，融入国家公园、国家气象科普基地、防灾减灾基地和科普场馆等内容建设。开展多种形式的科普教育，提高全社会对人工影响天气的科学认识。因此，以提高国民科学素质为目标，积极做好人工影响天气科学知识的普及和宣传，已成为我们新时代的重要课题和任务，加强人工影响天气科普宣传工作，引导形成人工影响天气的正确认知和舆论环境，对于推动和保障人工影响天气持续、快速、健康发展具有重要的意义。

本书作为气象防灾减灾科普系列丛书中的一册，通过3个部分31篇文章，对社会关注的有关人工影响天气的热点问题，包括原理、装备、作业过程、作业效果、作用范围等方面的知识进行了介绍，结合了工作实际与社会需求，浅显易懂，图文并茂，可读性强，为公众科学认识人工影响天气工作提供了重要帮助，将在公众科学普及、国民科学素养提升等方面发挥积极作用，为气象防灾减灾工作添砖加瓦，做出积极贡献。

希望通过本书的阅读，读者们能进一步加深对人工影响天气工作的认识和理解，同时作为一个传播者将正确的知识传递给更多人，共享知识的乐趣，共同为人工影响天气事业的健康发展营造良好的舆论环境，促进人工影响天气工作更好地服务国家，服务人民。

王文义

2021 年 12 月

　　大自然姿态万千、变化无常。从混沌的宇宙中走来，古老的人们历象日月星辰，只为与自然和谐共处，生生不息。天气，是人们赖以生存的自然条件，与人类命运息息相关。如何合理利用自然，是人类生产实践的重要课题。随着人类文明与科技的进步，天气规律不断被人们认识和掌握，人工影响天气已经变成与人们生产、生活密切相关的一项重要活动。

　　人工增雨、人工防雹、人工消雨、人工消雾等原来人们陌生的词语和概念，逐渐司空见惯，甚至如何开发利用空中云水资源这种"高大上"的专业用语，也几乎成为百姓茶余饭后闲聊时的话题，这些都深刻地反映了人工影响天气与人们密切的关系。然而，人工影响天气技术难度较大，涉及的学科领域很广，还处于试验研究和发展阶段，有许多未解的问题，广大普通百姓关于人工影响天气的原理、工作流程以及作用等方面的认知难免出现这样或那样的偏差与错误。比如：有人认为人工影响天气使用的催化剂碘化银是有毒的，会污染环境、对人体健康造成伤害；有人认为人工增的雪形状是小冰晶粒状；有人认为人工增雨就是把天上的水拦截下来，谁本事大，谁就拦得多；有人认为只要科技发达了随时随地都可以进行人工增雨；还有人工影响天气无用论，认为炮弹会把"雨打跑"，不可能起到增雨的作用，认为干旱仍然肆虐，冰雹仍然袭击，人工增雨或防雹不起作用等。这些错误认知导致人们对人工影响天气产生许多误解甚至谣言不胫而走。如果没有正确权威的知识普及，任其发酵蔓延，恐怕会给人工影响天气事业的持续、快速、健康发展造成不利影响。因此，做好人工影响天气科学知识教育宣传普及工作任重而道远。

本书从科学角度出发，关注社会热点，结合工作实际，满足读者需求，以图文并茂的形式，通俗易懂的语言，由浅入深，集中解读了有关人工影响天气的原理、装备、过程、结果、作用等方面的知识，为公众正确理解和认识人工影响天气工作提供帮助，促进人工影响天气科普宣传工作，为营造人工影响天气良好舆论环境和气象防灾减灾等方面工作发挥积极作用。

本书共分为3个部分31篇文章：第一部分主要介绍人工影响天气的兴起和发展；第二部分主要介绍人工影响天气的原理；第三部分主要介绍人工影响天气现代化装备情况。

本书由山西省气象局办公室策划，山西省气象局领导和山西省人工降雨防雹办公室专家给予指导帮助和大力支持，主创人员通过深入学习调研，认真收集整理相关资料，深入思考构建全书框架结构，精心编写所列各项内容，严谨认真反复修校，确保为读者呈现一部看得懂、质量高的科普读物。在此向所有领导和主创人员，以及给予关心和帮助的同事、朋友表达诚挚的感谢。

编者

2021 年 12 月

序

前言

第一部分　人工影响天气的兴起与发展 ……………… 001

从"祈天求雨"说起 …………………… 002

人工影响天气的科学尝试 …………………… 004

科学人工影响天气的开启 …………………… 006

现代人工影响天气活动的开端 …………………… 008

中国首次现代人工降雨试验 …………………… 010

人工影响天气作用体现和意义 …………………… 011

第二部分　揭开人工影响天气的神秘面纱 …………………… 017

什么是人工影响天气? …………………… 018

人工影响天气是如何实现的? …………………… 021

神奇的"作料" …………………… 022

天空中的"营养水" …………………… 023

什么是冷云催化? …………………… 025

什么是暖云催化? …………………… 026

选择哪种播云方式? …………………… 028

天空那朵雨做的云 …………………… 030

天空中的"风马牛" …………………… 032

消灭凶猛的"黄头怪" ·················· 034

邀请"天宫的精灵" ···················· 038

抵御"温柔的杀手" ···················· 040

人工影响天气能否清除"霾"？ ········ 041

人工消雨真能让雨"遁"形？ ·········· 045

人工影响天气催化剂对人有害吗？ ········ 046

人工增雨是想增就能增吗？ ············ 047

第三部分 "插上现代化翅膀"的人工影响天气 ············ 051

"千里眼和顺风耳" ···················· 052

"耕云播雨"不是梦 ···················· 055

火箭作业的独特优势 ·················· 059

"大炮一响，黄金万两" ·············· 063

"搬上山的大烟囱" ···················· 065

特殊的"身份证" ······················ 068

物联网"编织"人工影响天气安全网 ········ 070

特殊的保险柜 ························· 072

北斗领航，天地相牵 ·················· 074

参考文献 ···························· 076

附　　录　国务院办公厅关于推进人工影响天气
　　　　　工作高质量发展的意见 ··········· 077

第一部分
人工影响天气的兴起与发展

从"祈天求雨"说起

看过《西游记》的人可能对这个情节有印象：唐僧师徒西天取经，路过车迟国，智斗三妖怪，孙悟空与虎力大仙假扮的国师赌胜求雨。

虎力大仙自称可以祈来甘雨："这一上坛，只看我令牌为号：一声令牌响，风来；二声响，云起；三声响，雷闪齐鸣；四声响，雨至；五声响，云散雨收。"于是，他登上祭坛，写文书、烧符、手执宝剑、口念咒语、打令牌，这一连串的操作，惊动了远在天庭的玉皇大帝，于是风婆、云童、雾子、邓天君与雷公电母、四海龙王等一众掌管风云雷电雨的神仙奉命前来降雨。

眼看天空里风起云涌、电闪雷鸣，孙悟空则拔了一根万能的猴毛，轻轻一吹变成自己的分身站在现场，真身则来到了空中，但见各路神仙忙着助妖降雨，便质问道，自己正在保护唐僧西天取经，路过车迟国斗妖赌胜祈雨，各路神仙为何助妖，而不助自己？各路神仙听罢，恍然明白，不敢得罪这孙大圣，赶忙收回法术，天空顿时风停、云开、雾散、万里晴空再现。

虎力大仙不知错出何处，手忙脚乱，继续烧符、念咒、打令牌，但无论怎么施法都不再灵光，眼睁睁看着即将降下的雨就此终止。之后，孙悟空随唐僧登台求雨，各路神仙帮忙，要风得风，要雨得雨，完胜了妖道。

书中这段特定的描写，是为表现孙悟空的机智聪明和神通广大，但其中妖道的求雨过程，却基本展示了古人祈天求雨的真实情景。

类似的求雨仪式，在我国古代神话和许多书籍中都有记载。自古以来，世界各地的人们就有着呼风唤雨、消灾避难的美好愿望，也很早就注意到了人类活动与天气之间有着某种神秘的联系。但是受认识的局限，这种神秘的联系被认为是上天和神灵的力量。

史前洞穴壁画萨满雨舞

　　我国最早的求雨仪式是"煶"（jiǎo），即把人或牲畜放在柴堆上焚烧，以祭告雨神降雨，从周代起"煶"被改名为"焚"。周代时还有一种求雨仪式叫作"雩"（yú），它的表现形式是由女巫跳舞祈雨。

　　在非洲，也有类似的祈雨仪式，祭司们会在山顶选出一块神圣之地，设坛祭祀，点燃动物遗骸，以求天降甘露。比如尼日利亚的伊博人会燃烧神圣的药草，并用扫帚呼唤雨神。

　　在北美洲的印第安人部族之一阿帕奇人，留下了一些 19 世纪求雨仪式的图像资料。

　　泰国东北部至今每年都会举行"火箭节"，这里的人们向天空发射

自制的简易火箭，祈
盼雨季的到来。

祈天求雨是人类
为了适应自然寻求更
好生存与发展的一种
原始的精神寄托，同
时也是人类社会早期，
人类处理自身与自然
界之间关系的一种真
实反映。

1876 年，印第安人阿帕奇萨满在跳雨舞

人工影响天气的科学尝试

伴随着生产力和人类文明的不断进步，人们的认知能力和水平不
断提升，认识和掌握自然规律的意识不断增强，面对一些自然灾害，
逐渐由被动适应转变为积极应对。

1752 年，美国科
学家富兰克林进行了
著名的"风筝实验"，
证实了他 1749 年提
出的"闪电与静电性
质相同"的推测，为
制作可以将雷电引入
地下，保护地面物体
免遭雷击损毁的避雷

富兰克林进行风筝实验

装置（后被称为避雷针）提供依据。避雷针的发明与使用，被认为是人类最早的人工影响天气的科学尝试。

与此同时，另一种比较典型的人工影响天气探索活动，就是一直沿用至今的人工防雹活动。

相传在我国，明

早期人工防雹

代起就已经有人工防雹活动。那时都是民间的一些自发防雹活动，所用的方法有敲锣打鼓、土枪、土炮，以及炸药包和空炸炮的爆炸等。17 世纪末，清代的《广阳杂记》就载有："夏五、六月间，常有暴风起，黄云自山来，风亦黄色，必有冰雹，大者如拳，小者如栗，坏人田苗，此妖也。土人见黄云起，则鸣金鼓，以枪炮向之施放，即散去。"这是中国古代用土炮防雹的生动描述。1857 年的《冕宁县志》中，不仅记述了土炮轰击雹云的事例，还介绍了我国北方火枪消雾的情景。民间用土炮防雹的方法甚至一度持续到 20 世纪 50—60 年代。

在欧洲，1815 年意大利曾总结民间防雹措施，包括教堂敲钟、打炮、爆炸、烧篝火等。1896 年，一位意大利市长斯汀格使用一个 2 米高的大炮产生冲击波来消除冰雹，据说实验后 2 年之内竟然没有雹灾发生。这是欧洲最早尝试使用炮击消除冰雹的做法。

不过，普遍采用炮击消除冰雹的做法还是直到最近 30 年才开

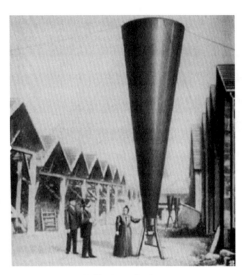

高炮防雹尝试

始的。

除了避雷针、防雹活动外，各国的科学家也不断尝试各类人工造雨的试验。

1903年，澳大利亚人尝试将氢气引入空气中以抬升气层，从而使气层冷却，成云致雨，但试验最终结果都没有明确记录。

1918年，法国科学家把装满液化气体的炮弹发射到空中，希望给云团降温，从而形成降雨，试验最终失败。

19世纪末，美国人也曾试验用大炮轰云、用气球和火箭携带炸药到云中爆炸等方法，来增加降雨量。1921年和1924年，美国科学家先后两次用飞机向云层播撒带电沙粒，试图促使云层碰撞而产生降雨，但这些实验最终都以失败告终。

早期的人工影响天气的科学尝试活动，虽然方法简单，手段粗暴，但在人工影响天气的研究和技术上，也已经有了近现代人工影响天气活动的雏形，为开启科学的人工影响天气研究与实施积累了丰富经验。

科学人工影响天气的开启

人们关于人工影响天气的探索，从祈神求雨到科学尝试，由被动到主动，由寄托神灵到相信自身，走过了漫长的历史过程。随着科技的进步，人们也逐渐敲开了人工影响天气的科学大门。

据有关资料记载，首次有科学根据的人工增雨设想是由美国人艾斯比于1839年提出的，他1841年出版的著名的气象经典著作《风暴原理》中，认为在潮湿的空气中，可用烈火产生上升气流来造云致雨，这种设想是否得以实施验证，没有确切的记录。相传艾斯比还花了数年时间宣传与游说，希望美国国会允许他燃烧阿巴拉契亚森林进行人工降雨试验。

1930年，荷兰人范拉特进行了一次大规模的人工降水试验，在2500米高空播撒了约1.5吨干冰（固体二氧化碳），在约8平方千米的面积上产生了降水。这是一次成功的冷云催化产生降水的试验，但是可惜的是范拉特当时并未意识到干冰对冷云催化的作用机制。

1938年，美国学者霍顿在麻省理工学院的野外试验站，将吸湿性物质氯化钙（$CaCl_2$）播入暖雾中进行消雾，并获得部分成功。这是首次利用物理原理并取得一定成效的人工影响天气的科学试验。

1933年，瑞典学者贝吉龙根据德国学者韦格纳于1911年在《大气热力学》一书中关于冰晶、水滴共存，水滴蒸发和冰晶凝华增长的表述，提出了冰水混合云的降水理论。他认为，温度低于0 ℃且过冷却水滴、冰晶、水汽共存的云区，由于冰面的饱和水汽压 E_i 低，而水面的饱和水汽压 E_w 高，因此当云中的水汽压处于冰面和水面饱和值之间时，水汽在冰晶上凝华而使冰晶长大，而水滴会不断蒸发变

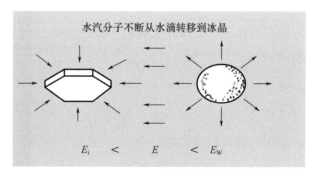

水汽分子不断从水滴转移到冰晶

$$E_i < E < E_w$$

贝吉龙过程图示

小或消失，形成冰晶"夺取"水滴的水分和原来云中水汽的冰水转化过程。

1939年，德国学者芬德森进一步扩充和完善了这一理论，为解决冷云降水机制奠定了坚实基础。他从对数以千计的降水云中的观测证明，云顶温度降到−20℃以下，贝吉龙的假说是成立的。现在常把这一理论称为贝吉龙-芬德森（Bergeron-Findeisen）理论，这一理论开创了现代云物理研究的先河。

通过这一过程，人们找到了催化冷云降水和消除过冷却雾的机制，就是通过播撒干冰、碘化银等手段增加云雾中冰晶数量，使得水汽和过冷却水滴在冰晶表面迅速凝华从而长大，以达到增加降水的目的。

现代人工影响天气活动的开端

（1）惊喜的实验

1946年，美国最早的诺贝尔化学奖获得者朗缪尔等根据冰晶在降水形成过程中的重要作用，提出了人工产生冰晶影响冷云降水的设想。

朗缪尔当时担任美国通用电气公司研究室副主任，受公司委托研究飞机在空中结冰的问题，他和自己的助手谢弗研究发现，地面上的水蒸气上升遇冷凝聚成团便形成云。云中的微小冰点长时间地悬浮在空中，当它们遇到某些杂质粒子（称冰核）便可形成小冰晶，水汽会在冰晶表面迅速凝华，使小冰晶长成雪花，许多雪花

朗缪尔

粘在一起成为雪片，当雪片大到足够重时就从高空滚落下来，这就是降雪。若冰晶在下落过程中碰撞云滴，云滴冻结在冰晶上，在云中上下反复升降生长便形成不透明的冰球——称为雹。如果雪片下落到温度高于 0 ℃的暖区就融化为水滴，就会下起雨来。

1946 年 7 月的一天，骄阳当空，酷热难耐，谢弗正在实验室里做人造云研究，他想方设法使云室中的水蒸气与下雨前大气中水汽状态相同，忽然云室出现故障停止制冷，温度不断上升，焦急万分的他立即将一大块干冰投放到云室中，给云室降温，刹那间，云室中出人意料地出现了成千上万的冰晶，小冰粒在云室内飞舞盘旋，霏霏雪花从上落下，整个云室内的人工云变成了冰和雪。谢弗欣喜若狂，他想，只要在低于 0 ℃的云层里人为地使用少

"人造云"实验图片

量催化剂，就能使云中增加许多冰晶，冰晶相互合并增大，从云中落下，就能达到降水的目的。他还发现干冰作为冷却剂可使局部大气温度迅速下降形成 -40 ℃的低温，在空气中直接形成大量冰晶，使人工降雨成为可能。

同年 11 月，受谢弗实验的启示，通用电气公司实验室研究组成员冯古内特研究发现，冰晶可在具有与它类似的晶体结构的物质上核化附生长大。他翻阅大量资料，通过实验来寻找与冰晶相近且不溶于水

的物质，最后发现纯度较高的碘化银颗粒可作为类似冰晶的晶体物质，碘化银颗粒释放到过冷水滴云中时，会在过冷水滴云中产生大量冰晶，为人工增雨催化剂的发现做出了重要贡献。

（2）首次科学人工影响天气

1946年，已是66岁老人的朗缪尔，指挥一架飞机，在马萨诸塞州上空实施了人类首次对过冷云的科学催化实验。他的助手谢弗从飞机上将干冰播撒到云顶温度为 −20 ℃的过冷层状云中，5分钟后，朗缪尔在地面观测到，云下出现了明显的雪幡现象。此次试验结果引起广泛的重视。

随后的近半个世纪，全世界先后有100多个国家开展人工影响天气实验研究和工作，其中规模较大的国家有美国、俄罗斯、以色列、澳大利亚、法国、中国等。经过几十年的研究，人类对自然云（雨、雪、冰雹）的微物理、动力和降水过程以及人为干预其过程造成影响天气的认知有了很大提高，美国、俄罗斯、以色列等国家通过长期试验研究，掌握了当地云雨的特点和人工干预天气的技术，证实了人工增雨的效果。

中国首次现代人工降雨试验

我国现代人工影响天气试验，最早的要数20世纪50年代初的山西消雹实验。1950年7月6日的《山西日报》记载："为防春雹，开春就部署土炮土枪，并由民兵组成观天组、炮手组、防雹站等。特别是当年5月25日天气陡然闷热，武乡县151个村庄警觉起来，当西北方黑云压顶移来时，上北漳的土炮首先攻击，打向云头，引发上千门土炮土枪齐击云体，迫使雹云四散，仅下少许雨点。"针对这次消雹，科学家认为云底与地面间的气流可以被土炮干扰，进而改变了局地天气形态。

　　我国开展首次飞机人工降水实验是在 1958 年。当年 8 月吉林省遭受到 60 年未遇的大旱。8 月 8 日，由空军二航校的飞行员周正驾驶一架轰炸机，首次实施了播撒干冰影响对流云降雨实验，并获得成功，降雨 20 毫米，降雨面积 200 平方千米。随后的一个月内又先后进行了 20 架次飞机人工增雨作业，取得了不同程度的增雨效果，基本解除了旱情。吉林省人工降雨实验的成功推进了人工影响天气在全国较大范围内的实验，大多数省（自治区）开展了人工降水或防雹试验，有些单位还进行过消雾、消云和抑制雷电的试验。

人工影响天气作用体现和意义

　　人工影响天气这门学科，一方面不像人们想象的那样神秘莫测，人们可以利用掌握的一些理论和知识，促使局部天气向有利于自身的形势转变，减轻或避免灾害性天气的不利影响，或者利用天气变化帮助人们应对诸如缺水、污染、森林火灾等问题；另一方面在现有科技水平下，它的确还有很多秘密没有被人们揭开，很多难题没有被人们攻克，比如说，人工影响天气的尺度有多大，通俗地说就是能够影响多大范围？人工增雨到底有多大效果，怎么测量？如何评估？这些问题还需要科学家们继续进行大量的探索、研究和实践。

　　因此，目前人工影响天气发挥的作用主要体现在人工影响天气的服务保障中，即增雨雪、防雹、消雨、消雾、防霜等。

随着经济社会的发展，人工影响天气服务能力、水平不断提高，服务领域不断扩展。人工影响天气也由单纯的农业抗旱拓展到农业防灾减灾、增加水库蓄水、改善生态环境、森林草原防火扑火、应对污染等突发事件以及保障重大社会活动的人工消雨作业试验和机场消雾试验等领域，建立了应对污染、森林火灾等突发事件的人工影响天气应急作业机制。

近年来，我国人工影响天气工作进一步从区域实验作业发展到全国重点区域联合生产作业；从普通运输飞机、高炮、火箭和烟炉等装备，升级为搭载多种探测设备的高性能飞机、远程智能操作的电控高炮、新型火箭和远程操控的地面烟炉；从分散作业拓展到跨区域联合、地空协同的立体作业，在防灾减灾救灾、重大应急保障、生态文明建设、水资源安全保障、关键技术科研攻关等方面作用的日益显著。

（1）重大活动的气象保障

在 2008 年北京奥运会、抗日战争胜利 70 周年纪念活动、中华人民共和国成立 70 周年庆祝大会等重大活动中，气象部门多次进行人工消（减）雨试验，特别是 2008 年，在奥运史上首次成功实施人工消（减）雨作业，取得显著的经济、社会和生态效益，得到了广大人民群众和各级政府的高度赞誉。人工影响天气在重大活动保障中的作用日益突显，成效也越来越显著。

（2）生态保护植被增加的助力

山西省气候中心发布的《2019 年山西省生态遥感年度报告》显示，2000 年以来，山西省平均植被指数整体呈上升趋势，平均上升速率为每年 0.39%，2019 年全省平均植被指数较 2000 年增加 16.91%，呈利好趋势。全省 7 个重要生态功能区植被长势得到明显改善，特别是黄土高原丘陵沟壑水土保持生态功能区、京津风沙源治理生态功能区和吕梁山水源涵养及水土保持生态功能区年平均植被指数增加明显，分别增加了 39.39%、42.71% 和 31.25%。植被净初级生产力年总量、年固碳总量和年释氧总量整体呈增加趋势，山西省植被生态质量显著提升，生态建设和保护取得显著收益。

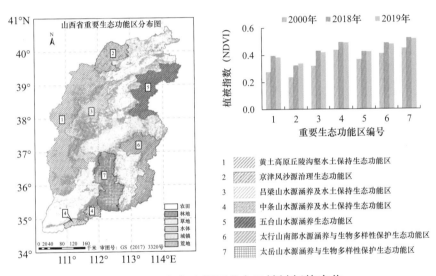

山西省重要生态功能区分布及植被长势变化

根据统计，2000 年以来，山西省先后开展飞机人工增雨作业 2000 余架次，增雨总量超过 350 亿立方米，占全国同期总量的六分之一。特别是近 10 年来，山西省实施飞机增雨作业 1095 架次，增雨总量累计约 250 亿立方米。

山西省高频次、立体化的人工影响天气作业保障服务，为有效增加自然降水，为水库蓄水、改善生态环境做出了积极贡献。

（3）大气污染防治的推动力

近年来，人工影响天气工作积极响应国家大气污染防治攻坚战略需求和号召，积极探索开展人工干预污染天气治理作业试验，北京、天津、河北、山东、内蒙古、陕西及河南等省（自治区、直辖市）的人影部门多次联合开展人工增雨（雪）作业，助力京津冀与汾渭平原大气污染防治，并取得一些重要成果，人工影响天气已成为气象工作助力大气污染防治的重要推动力。

（4）森林防扑火工作的参考与支持

卫星遥感监测系统与人工增雨飞机地空侦查相结合，为森林防灭火工作提供重要监测数据，人工影响天气地空联合，积极开展森林灭火应急增雨保障服务，为森林防扑火工作发挥重要作用。

2019年"3·29"山西沁源森林火灾卫星遥感监测图像

人影作业飞机侦查火情和作业实况

（5）关键技术研发的支撑推进

2009 年 5 月，我国首次成功组织实施了 3 架飞机在同一区域联合开展层状云探测，这 3 架飞机的机舱外都挂载了当时最先进的云物理探测设备，分别对 2700 米、3600 米、4200 米、4800 米和 5100 米 5 个高度层进行了水平探测，获取了大量层状云系的结构与降水形成机制的宝贵数据资料，与地面布设的雷达观测网及雨滴谱观测仪器空地协同，对于深入了解层状云降水机制、开展层状云人工增雨工作具有重要作用。

2017 年，由山西省人工降雨防雹办公室联合相关科研单位，自主研发的 D/XAS-45 人工影响天气飞机综合大气参数采集处理系统投入业务运行，该系统填补了我国在该领域的空白，达到国际领先水平，对科学指导增雨作业、提高业务效率具有重要意义，得到行业内外专家领导的广泛认可和支持，为推进我国人工影响天气科研业务创新做出积极贡献。

第二部分
揭开人工影响天气的神秘面纱

什么是人工影响天气？

在现代科技的引领下，人们在对天气气候现象的认识和研究过程中，已掌握了丰富的气象学知识，不仅可以在一定程度上分析和预知未来天气变化，运用气候学知识指导人们生产活动，还能不断探索利用人工手段来影响天气，最大程度地减轻灾害天气对人们的不利影响。

如今，每当久旱不雨时，人们便想到是否可以人工增雨；冰雹来袭时，人们便想到是否可以人工防雹；寒霜降临时，人们便想到是否可以人工防霜，保护农作物避免受害。人工影响天气作业的消息也常常见诸各类媒体，关于人工影响天气的话题，也成为人们关注和讨论的热门。可是，要问什么是人工影响天气，人工影响天气怎么实现，有哪些方式，估计很多人就懵了，下面就聊一聊人工影响天气是怎么回事。

从专业的角度讲，人工影响天气就是指为避免或者减轻气象灾害，合理利用气候资源，在适当天气条件下通过人工科技手段对局部大气的云物理过程进行影响，实现以增雨雪、防雹、消雨、消雾、防霜、利用气象资源等为目的的活动。

也就是说，在适当的天气条件下——而不是任何时候，对局部大气的云物理过程——而不是整个大气，通过人工科技手段的实现趋利避害或利用气候资源而影响大气的一种有意识、有目的的活动——而不是无意识盲目的活动。

所以，诸如城市热岛效应、人类破坏植被而导致的天气气候变化等现象，都不属于人工影响天气的范畴。

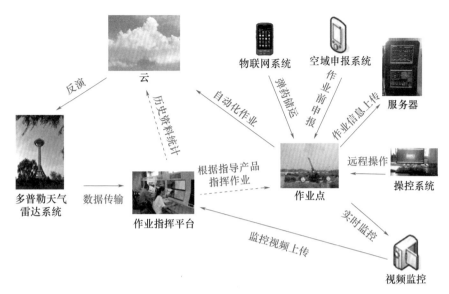

人工影响天气监测、预报、指挥、实施示意图

目前来说，开展人工影响天气的主要技术手段就是播云。

播云？你可能会感到惊讶："我听说过农民伯伯播种，听过孙大圣腾云驾雾，还真没听说过播云。"

其实，人工影响天气的播云，就如同农民伯伯播种，只不过不是真的把云像种子一样去播撒，而是向云中播撒一些催化剂。通常的工具有飞机、高炮、火箭或地面发生器，经常播撒的催化物质主要有碘化银、干冰等。

飞机播云，与农民伯伯播撒种子的方式最相像：飞机携带催化剂直接飞入云中，通过特定的装置，如同播种一样，将催化剂播撒到云中。这种方法，机动性强，载量也大，范围广，播撒多少好把握，但有时受飞行安全的限制比较大。

高炮或火箭播云，是将催化剂装入高射炮弹或火箭弹的弹头内，通过高炮或火箭发射装置，将炮弹或火箭弹发射到云中适当部位，利用炮弹爆炸或火箭弹特定控制装置，将催化剂播撒释放到云中。这种方法迅速、直接，但是载量有限。

地面发生器（或烟炉）播云，这种烟炉建在山区迎风坡或气流活动频发的地方，在烟炉内部安装催化剂燃烧焰条，通过烟炉控制系统使催化剂焰条燃烧产生的烟气进入大气，再通过大气气流运动，将催化剂颗粒带入云中。这种方法简易、安全，但很难掌控催化剂入云的位置和剂量。

无论采用什么方式播云，其目的都是促进云的微物理结构改变，使其向化云成雨转变。比如，我们有时候看着天阴沉沉的，就是不下雨，这个时候，气象工作人员依靠监测数据分析，在云中找到一个合适的位置，然后选择一种播云的方式，把催化剂播撒到那个地方，最后引发了云内冰晶或水滴的变化，使其长成雨滴落到地面，这就是一次人工增雨的经过。当然，这个听起来简单，但做起来涉及的过程环节要复杂很多。

总之，人工影响天气虽然现在已成为社会的热门话题，但在现阶段人类科技水平下，它还只是一项复杂、技术难度大、处于试验研究和发展阶段的学科，还有许多未解之谜，还有许多关键技术没有被人们掌握。

我们既不能认为人工影响天气就是人工控制天气，可以随心所欲"呼风唤雨"，也不能认为人工影响天气就是"熊瞎子绣花装样子"，应该科学、理性地看待人工影响天气工作，为人工影响天气科技的发展创造一个良好的舆论环境。

人工影响天气是如何实现的？

人工影响天气需要一定条件，条件达不到，便只是"巧妇难为无米之炊"。

"巧妇难为无米之炊"，这个成语的意思是说，如果没有米，哪怕再灵巧的妇人也难做成一锅美味的饭，比喻缺少达成目标的关键条件。那么人工影响天气的关键条件是什么呢？

答案就是"云"。就像做饭的"米"，必须能够满足"做饭"要求，能够正常食用，而不是那种生了虫子或发霉变质的米。人工影响天气的"云"也一样，不但要有云，而且必须是能够满足开展人工影响天气作业条件的云。

所以说，开展人工影响天气作业，要通过周密的天气监测，跟踪有利于降水的云（系）层，根据云（系）层的宏观与微观结构特征及其发生、发展与演变等情况，做好科学预报分析，找到做饭要用的"米"，即可进行催化作业的"云"。

这种"云"的要求，首先是云（系）层要有一定的厚度，一般是大于 2 千米；其次，云（系）层内要有一定的过冷水（低于 0℃还保持着液态的水）含量；再次，云（系）层内还须有上升气流等。然后，我们的人工影响天气作业人员，才能像巧妇做饭一样，通过科学的组织和实施，利用飞机、高射炮、火箭等装备和工具，把催化剂播撒到云里，增加水汽转化的效率和降水量，成功实施人工增雨作业。

人工影响天气在作业过程中，需要密切结合天气情况和实际的云降水条件来进行，作业的规模和频次也与天气和云降水的实际情况以及本地区人工影响天气作业能力紧密相关。要找到适合催化作业的云，也需要各部门和全体作业人员相互协作配合，通过密切跟踪监测天气变化，科学地分析研判和准确预报，周密制定作业计划等。所以说，人工影响天气不是"无米之炊""无中生有"，而是"热锅炒菜""锦上添花"，是以自然天气的演变发展为基础，通过人工科技手段"引发"或"促成"自然天气的演变发展而实现人们预想的目标。

神奇的"作料"

前面我们把人工影响天气工作者比作"巧妇"，人工影响天气好比"做饭"，要做好一顿饭，必须要有做饭用的米。同样，要成功实施人工影响天气作业，也必须要有满足条件的云。但做一锅美味的饭菜，只有米还不行，还得有油盐酱醋等各种作料来增加味道。那么人工影响天气这锅"饭"的"作料"是什么呢？

我们知道，人工影响天气需要具备充分的条件。一般自然降水的产生，不仅需要一定的宏观天气条件，还需要满足云中的微物理条件，比如：0℃以上的暖云中要有大水滴；0℃以下的冷云中要有冰晶；还得有上升运动的气流；没有这些条件，天气形势再好，也不会落下雨雪。

然而，在自然情况下，这种条件有时不具备，有时虽然具备但又不够充分。但前者根本不会产生降水，后者则降水很少。如果在云中播撒催化剂，增加云中的凝结核或人工冰核，使云中产生凝结或凝华的冰水转化过程，就能促使降雨产生或雨量加大。

当然，做饭的作料有多种，人工影响天气的催化剂也有很多种类，常用的主要有三类：

一是以碘化银、碘化铅、硫化亚铁为代表的可产生大量人工冰核的成核剂；二是以干冰、液氮、液态丙烷为代表的可使云中温度快速下降、形成大量冰晶的致冷剂；三是以食盐（氯化钠）、氯化钙、尿素、硝酸铵等为代表的可吸附云中水分形成较大水滴的吸湿剂。

成核剂和致冷剂主要用于温度低于0℃的冷云催化。

碘化银、干冰、液氮等进入云中，会在短时间内产生大量的人工冰核，冰核转化成冰晶，冰晶吸附水汽，凝华增长，或碰到过冷却云水（0℃以下仍保持液态的水），使其凝结变为冰晶。当冰晶增长到一定程度，上升气流已经无法托举住它们时，便降落下来，变成雨（雪）。

吸湿剂主要用于温度0℃以上的暖云催化。

吸湿的食盐、氯化钙、尿素、硝酸铵（新型高分子材料）等进入云中，会使那些小小的水珠快速成长变成雨滴，当它们的体重"过大"，上升气流已不能托举承受住其重量时，它们便掉出云团散落地面，形成降雨。

天空中的"营养水"

日常生活中，如果一种食物中所含蛋白质以及钙、铁、锌等各种微量元素比较丰富，人们会说这种食物营养价值比较高。如同食物中的营养成分一样，过冷水就像天空中的"营养水"，云层中的过冷水含量越丰富，这个云层开展人工影响天气的价值就越大。如果依靠科技监测手段，能够准确找到天空中的"营养水"含量丰富的区域，作业人员即对其进行人工催化，实施人工增雨（雪）作业，那就将大大提升人工增雨（雪）的效率，就像石油勘探工人勘探找到富含石油的地层然后再进行开采一样。

什么是过冷水呢？通俗地讲，就是在温度低于0℃还保持着液体状态的水。通常我们不容易见到这种水，但在天空的云层中这种水经常存在。它们个性独特，当缺少自然冰核时，会一直保持着液态，一旦遇到可附着的物体，便立即冻结成冰。

人工影响天气正是利用了过冷水的这一特性，在富含过冷水的云中播撒催化剂制造出更多人工冰核，过冷水遇到冰核后就会迅速冻结形成无数小冰晶，并吸附周围更多的小水滴，使自身不断成长变大，同时相互间又不断的碰并，破碎形成新的冰核，再不断吸附周围的小水滴，直到它们越来越大，向上运动的空气流无法继续托举它们时，它们便从云层中降落，形成雨滴或雪花。

有时候过冷水的这种特性也会带来灾害和航空危险等。2008年初，由于特定的天气条件影响，我国南方出现低温雨雪冰冻天气，近地面层气温低于0℃，高空的降水到达近地面层时，形成低于0℃的过冷水滴，这些过冷水滴落到地面物体上，便冻结为冰层，称为冻雨。它们落在树枝上形成雨凇，压断树木；落在路面上变成薄冰，造成了道路结冰，导致交通事故；落在电线上形成冰挂压断电线，造成大面积停电，由此造成不可估量的灾害损失。

不过，实际中的过冷水的存在、发展、变化过程很复杂，也并非单独存在，对人工影响天气工作来说，认识过冷水也仅仅是关键的因素之一，要真正做到精准作业、高效催化，还需要依靠科技的进步，对影响天气变化的各种因素进行更加深入的探索和研究。

什么是冷云催化？

我们已经知道人工影响天气最主要的方法是播云，其实播云也有分类，按云的性质可分为两类：播冷云和播暖云，即，冷云催化和暖云催化。

冷云，指温度低于 0℃的云（或云体位于 0℃层以上的云）。这类云中常常过冷水滴、冰晶和水汽三者共存，产生降水的关键是云中冰水转化。

冷云催化，就是向含有过冷水滴的冷云中播撒催化剂，常用的冷云催化剂有成核剂碘化银或致冷剂干冰、液氮、丙烷等，它们进入云中，能够在云内生成大量的人工冰晶，通过贝吉龙过程，冰晶吸附水汽凝结增长、碰并增长，形成较大的水滴降落，从而形成降水，达到人工增雨的目的。如果在冷云中过量播撒冰核，过多的冰核"争食"云中有限的过冷水，延缓或阻止云滴成长为雨滴的过程，从而实现人工消云减雨的作用。

强对流云也是形成冰雹等灾害性天气的场所，人工防雹的过程，是向云中播撒足够量的催化剂，产生大量冰晶，长大才成为冰雹胚胎，与自然冰雹胚胎争夺水分，从而抑制冰雹块的增长，以此可以达到防雹的目的。

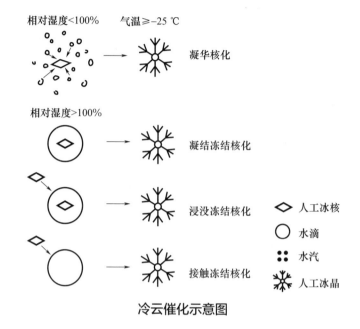

冷云催化示意图

同时，冷云催化过程中，释放的巨大潜热会改变云体的热力和动力过程，从而可以促使降水的增加或减缓降水的形成。比如在强对流云中，通过催化过程扰乱上升气流的路径从而打破冰雹的生成，达到防雹的目的；在台风云系中，通过催化过程，可能改变台风的环流结构，从而削弱台风的最大风力，减轻台风造成的灾害等。

什么是暖云催化？

暖云，是指云体温度在0℃以上的云（或云体位于0℃层以下的云）。暖云有层状和积状，分别称为暖层云和暖积云。

暖云降水，首先是要云中水汽经过凝结和碰并等过程在云内产生大量的较大云滴（水滴），然后较大云滴（水滴）在重力作用下继续碰并长大成大云滴或雨滴。这个过程就如同一条竖直向下的"贪吃蛇"，不断"吞吃"周围的小云滴，形成足以引起重力碰并的大云滴，最后坠落至地面形成降水。

因此，暖云催化，就是通过人工方式增加云体内的大水滴或可以产生大水滴的物质，从而诱发降水产生或增大降水的强度。

人们试验过多种方式对暖云催化，比如，向暖云团内播撒吸湿性催化剂：食盐、氯化钙、尿素和硝酸铵等。当把吸湿性催化剂播撒到云中，催化剂吸附周围云滴（水滴）并迅速凝结成长，在重力作用下不断地碰并，进一步长大成雨滴，当上升气流无法托举它们的身体时坠落地面形成降雨。

因为暖云催化过程的原理，暖云催化也可用来达到人工消暖云或消暖雾的目的。

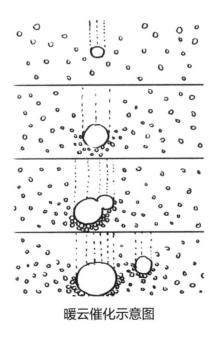

暖云催化示意图

不过，这个过程会因云团上升气流的速度、相对湿度大小、云团厚度等自然条件，以及催化剂微粒的大小、浓度、播撒部位等人工条件而影响催化的效果。

还有一种直接在暖云体内播撒水滴的催化方法，但这与人们所说的那种"开上飞机在天空洒水的人工降雨"的玩笑话不同。撒水催化，其实是通过飞机把水雾化为无数的小水滴喷洒到云中，这些小水滴与云中的云滴结合不断碰并、长大，最终形成雨滴降落到地面，从而诱发降水产生或增加降水。

但实际上这个过程也受到许多自然和人工条件的限制，影响最终的催化效果，比如有试验表明，对于厚度较大的云团采取直接撒水催化，会有降水效果产生，而对于厚度较薄的云则效果不明显，有时反而会起到消云作用，同时播撒的水滴尺寸也不能太大，否则水滴直接坠出云体，无法促进云体内降水的形成。

可见，理论上人们虽然在一定程度上能够对云和降水实施影响，但是在实际过程中存在着许多复杂的因素，导致人工影响天气的效果的不确定性，在很多因素的把控上，人们还需要随着科技的进步深入研究试验，实现更加科学、精准地开展催化作业的要求。

选择哪种播云方式？

播云的方式主要有空中和地面两种：空中主要依靠飞机，地面主要利用高炮、火箭和地面烟炉等。那么，这几种方式各自又有什么特点呢？是不是可以随意选择呢？

当然不是。人们采取哪种人工影响天气作业的方式方法，使用哪类催化剂，常常要根据云的具体情况以及催化剂的具体特性来选择。

催化剂可分为致冷剂、成核剂、吸湿剂等。

根据不同的云和催化剂的特性，作业方式的选择也有不同。

飞机催化作业：这种方式直接、可控、作业范围比较大，可以根据不同的云层条件和需要，选用暖云催化剂及其相应的播撒装置，也可挂载碘化银燃烧炉、飞机焰弹发射系统或液氮播撒装置。

飞机作业，可同时搭载探测仪器，在作业过程中对云区进行实时观测，并对催化前后云的状态变化进行追踪监测，一举多得。监测数据可为研究和识别云层结构状态，找到最适合人工增雨的云层，提供重要技术支撑，大大提高人工增雨作业的精准度和作业效果。但是，飞机作业的安全条件要求严格，受安全条件限制有时不能飞行作业，比如出现的是对流云时。

高炮和火箭为主的地面作业：科学家专门研制了人工增雨炮弹和火箭弹，这种炮弹和火箭弹中装有催化剂，利用高炮和火箭的发射原理能够把催化剂在合适的时段按需要的剂量输送到云中合适的部位进行释放播撒，从而实现地面人工增雨的目的。

高炮和火箭作业，相对于飞机作业机动性有很大差距，高炮适合在对飞机飞行安全有威胁的强大对流云进行催化作业。车载火箭装备，可在一定范围内移动，但对地形条件和空域条件要求也十分苛刻，同时涉及作业的安全，其机动范围也就十分有限。

地面发生器（或燃烧烟炉）作业：催化剂依靠山区迎风坡在一定时段常有的上升气流输送入云。这种方式的优点是经济、简便、安全性高，适合安装在常出现地形、交通不便的山区等地。但也有明显的缺点，就是难以确定催化剂入云的位置和剂量，作业的效果难以评估。

天空那朵雨做的云

从古至今，气象研究从没脱离过云。人们常用"云淡风轻"形容晴好天气，"乌云密布"描述风雨前的天空。在古代，人们通过云的形状、状态、大小来认识天气，时至今日，云的识别、描述和命名对于天气气候研究仍然十分重要。

据介绍，云在调节地球能量平衡、气候和天气方面起着关键作用，可以帮助驱动水循环和整个气候系统。了解云对于预测天气条件、模拟未来气候变化的影响以及预测和利用空中的云水资源等都极为重要。

那么什么是云，大家能想到哪些种类的云呢？蓝天上的白云，傍晚鲜艳的火烧云，还是山雨欲来风满楼的乌云？或者是云存储、云计算、云服务、智慧云？还是人云亦云的云？

云在日常生活中司空见惯，很熟悉，但要准确讲出云的概念，很多人可能就说不出来了。

气象学上的云，是指大气中水汽凝结或凝华而形成的微小水滴、过冷水滴、冰晶、雪晶等单个或混合组成的漂浮在空中可见的聚合体。也可说是水蒸气遇冷液化成的小水滴或凝华成的小冰晶或是由小水滴、小冰晶等混合组成的悬浮在空中可见的悬浮体。

人工影响天气研究中，一般把云按形状和形成过程分为两大类：

一类是积状云，也叫对流云，简称积云，主要包括：积云（层积云、淡积云、浓积云、高积云）、积雨云、卷云和卷积云；这类云主要是地面受太阳辐射后，近地面的空气逐渐增温，在热力作用下，气流向上垂直运动，气流中的水汽凝结而成云。多形成于夏季午后，具孤立分散、云底平坦和顶部凸起的外貌形态。

　　另一类是层状云，包括层云、雨层云、高层云和卷层云。常常是布满天空或部分覆盖苍穹，表现为厚度、灰度和透光度都呈现均匀的幕状云层。

　　层状云多是由空气大规模系统性上升运动而产生的，主要是由锋面运动抬升或大范围辐合抬升运动引起的。这种系统性的上升运动，通常水平范围大，垂直上升速度较小，以厘米级每秒计算，因持续时间长，能使空气被抬升到5000～6000米的高度，形成有较大水平范围的降水。

　　我国农谚："日晕三更雨，月晕午时风。"就是说在降水来临之前，有些云可以作为征兆。如卷层云，通常出现在层状云系的前部，它的出现往往伴随着日、月晕，因此如果看到天空有晕，便知道有卷层云移来，则未来将有雨层云移来，天气可能转雨。

　　无论积状云，还是层状云，对于人工影响天气工作来说，都如同巨大的宝库。如果对云没有足够的了解，就无法开展人工增雨作业。现如今，随着科学技术的发展，人们有很多种观测和探测云的手段：地面上有雷达、雨滴谱仪、微波辐射计等仪器，空中有气象卫星、无人飞机、有人飞机挂载仪器进行直接探测等。这些观测仪器可以很详细地记录云的温度、高度及运动变化，云中包含的小冰晶、小冰雹、冰粒等成分，为开展人工影响天气提供了更加翔实、可靠的依据。

天空中的"风马牛"

夏季的午后，我们经常会见到远处的天空升起各种形状的云，特别是在北方或山区丘陵地带，这种现象更为常见。一开始有的像花椰菜，有的像小狗、小熊等，随着时间的推移，有的发展成像巨大狮子、奔腾的巨马，最后形成一座巨大的云山，这样的云就是气象学上说的积云。

积云

积云继续发展，云底慢慢变黑，云峰渐渐模糊，最后便形成了积雨云，不一会儿，整座云山就会崩塌，天空变暗，山雨欲来风满楼，狂风暴雨马上就到，雷声隆隆，电光闪闪，有时还会带来冰雹或龙卷。

积雨云也叫雷暴云，几乎总是形成降水，包括雷电、阵性降水、阵性大风及冰雹等天气现象，有时也伴有龙卷，在特殊地区，甚至产生下击暴流，极端情况下可以造成飞机坠毁。

积雨云

很多人都乘坐过飞机，当飞机遇到气流颠簸时乘务员会提醒："我们的飞机受气流的影响，有些（轻度、中度、重度）颠簸，请您系好安全带。为了确保您的安全，颠簸期间洗手间暂停使用……"。民航客机一般在平流层飞行，平流层的空气稀薄，气流比较平缓，利于飞机平稳飞行，当然有时也会遇到较强气流运动，飞机无法避开，也会出现颠簸等现象。

人工影响天气作业飞机相比之下更要颠簸数倍。进行人工影响天气作业和探测研究，需要飞机专门飞入云中，特别是为了获取云的内部特征、组成及演变发展等数据，人工影响天气飞机会飞入积云中，从一座座"云山"钻进钻出，时而灰暗，时而光亮，云中气流运动较大，飞机如同行驶在崎岖不平的山路上的汽车，颠簸剧烈，还伴随着大雾笼罩，作业人员都会经历"晕飞机"，就像晕车晕船一样，被颠簸得晕头转向，有的人甚至能把胃里的食物全都吐出来。好在飞机有雷达指引，才能按照正确航道飞行。这还算最轻的考验了。

在云中飞行的危险性极大，特别是有时遇到剧烈上下运动的气流，需要强大的心理素质。有时飞机还会沿着积雨云的边缘飞，有时你会看见云中的雷电，甚至会与雷电擦肩而过。但即便如此危险，科学家们也依然在不断地尝试和研究，推动着人工影响天气技术的不断进步。

当然，随着科技水平的不断提升，人类对云的探测手段也在不断提升，特别是无人机探测装备的广泛使用，将极大地减少人的冒险，为人们探索研究云的特性，更好地开展气象服务和人工影响天气工作等提供重要支撑。

消灭凶猛的"黄头怪"

"不怕云里黑乌乌，就怕云里黑夹红，最怕红黄云下长白虫""黑云尾、黄云头，冰雹打死羊和牛"，这是我国民间谚语对冰雹来临时云呈现出的颜色的描写。因为冰雹云的颜色先是顶白底黑，然后中部现红，形成白、黑、红乱绞的云丝，云边上呈黄色，所以常常显得来势凶猛，如同怪兽从天边而来。

当然，如今人们对冰雹的监测不再只靠眼睛观察，而是有了更先进的装备——卫星、雷达、微波辐射计、闪电定位仪、雨滴谱仪等，让防御冰雹和抵御冰雹都有了强大的技术基础。

冰雹也叫"雹"，俗称雹子，有的地区叫"冷子"，夏季或春夏之交最为常见。它是一些小如绿豆、黄豆，大似栗子、鸡蛋的冰粒。

按气象学的定义来说，冰雹是指从强烈发展的积雨云中降落的固体降水物，它结构坚实，大小不等。通常把直径在 5 毫米以上的固态降水物称为冰雹，直径 2 ~ 5 毫米的称为冰丸，也叫小冰雹，而把含有液态水较多，结构松软的降水物叫软雹或霰。冰雹的形状也不规则，大多数呈椭球形或球形，但锥形、扁圆形以及不规则的也是常见的。

一场猛烈的冰雹，常常打毁庄稼，砸毁房屋，砸伤人畜等；特大的冰雹甚至能比柚子还大，具有强大的杀伤力，会致人死亡、毁坏农田和树木、摧毁建筑物和车辆等，给人们生产生活造成严重的灾害损失。

大冰雹

据专家计算，雹块从几千米高空落下，直径 2 厘米的圆形雹块重约 3.8 克，落地速度达 20 米 / 秒；直径 20 厘米的雹块，重约 3.8 千克，落地速度可达 63 米 / 秒，一场冰雹甚至能够降下 3 亿立方米的冰。如此高速大量的雹块对房屋建筑、农作物、人畜等必然会造成毁灭性的破坏或打击。据记载，1788 年 7 月 13 日，法国遭到冰雹袭击，冰雹约以十几千米的降雹宽度、每小时 70 千米的速度，先后两次从西南向东北席卷整个法国，道路上积了数十厘米厚的雹块，冰雹所经之处，树枝被砸断，庄稼被毁，家畜被击毙，林中走兽灭迹。

为了抵御冰雹的袭击，人们经过探索，也找到了一些对付冰雹的办法。人工防雹就是用人工方法对一个地区上空可能产生冰雹的云层施加影响，使云中的冰雹胚胎不能发展成冰雹，或者使小冰粒在变成大冰雹之前就降落到地面，从而减弱冰雹的强度与带来的损害。

人工防雹主要依据两种原理。

一种是"争食原理"，就是用火箭、高炮、飞机等把碘化银播撒到雹云中，以产生大量冰核进而形成大量人工雹胚，它们与云中原来自然产生的冰雹胚胎争夺云中过冷水，使大家都不能长大成对人畜与作物产生危害的大雹块。由于冰雹云中常常有闪电发生，所以最有效的方式还是通过地面高炮和火箭防雹。

另一种是"分割原理"，就是用高炮或火箭等，向雹云的中、下部轰击，让制造灾害的雹云先被打散，从而使雹云不降雹，或在下风方向区域降小雹。

高炮

看着来势汹汹的"黄头怪物",地面防雹作业人员,像英勇的战士,操作高炮、火箭,向"怪物"一阵阵痛击,呼啸而出的炮弹、火箭弹直穿云霄,或者将催化剂播撒到云层中,分食"怪物"身体的营养,让它变得"营养不良",掉下来的冰雹变小、变软或者变成雨滴,失去威力;或者利用炮弹、火箭弹爆炸形成的冲击波,直接将"怪物"的身体冲散、冲破,改变它的结构,让它难以聚合,不再成长,最后无法降雹,达到抵御冰雹的目的。

山西省临漪县是果蔬大县,十分重视防雹作业,每年因防雹作业挽回经济损失上亿元。该县有个叫王洪的炮手,是全省的优秀炮手之一,几乎每年都要参加数次防雹作业。有次作业,他一连打了近90发炮弹,作业的高射炮炮筒都打红了,终于把冰雹防住了。他所在的乡镇几百亩[①]的果树避免了一次大冰雹的袭击。

除了上面的办法,如今在一些雹灾严重的地区,人们还建设

---

① 1亩=666.67平方米

了大面积的防雹网，使该地区减少雹灾威胁，也取得了显著的成效。

防雹网

邀请"天宫的精灵"

雪，是自然降水的一种。寒冷的冬季，一场纷纷扬扬的大雪，漫天飞舞的雪花，银装素裹的世界，给人们带来无限的美好憧憬和希望。在农民伯伯的心中是瑞雪兆丰年，在小朋友们的心中是奇幻的冰雪乐园。雪，如同天宫的精灵，将纯洁带到人间。古人对雪有很多美誉，如"琼花""瑞叶""玉蕊""凝雨""寒英"等等，表达了人们对雪的赞美、喜爱和一种精神的寄托。

如果冬天缺少雨雪的光顾，人们的生产生活会受到很多不利影响，特别是农作物没有冬雪的覆盖会难以安全越冬，造成来年的减产；雨雪稀少，大地干渴，天干物燥，也使森林火险等级偏高，防火压力加重；空气和土壤中病菌和虫害如果未被低温杀死，便不断滋生、繁殖、传播，给人们的生活和健康带来严重影响等。所以随着科技的进步，冬季有天气条件的情况下，人们就会抓住时机开展人工增雪。

人工增雪是人工影响天气的一项重要内容，依靠科技手段，在适当的天气条件下，通过采取人工催化手段，使天空中的雪降落到地面，理论和实践上都已经可行。

人工增雪的原理类似于人工增雨，基于自然云和降水的过程。当天气条件具备时，人工增雨作业人员通过飞机、火箭、高炮、烟炉等工具把催化剂播撒到云中，加速云内的冰水转化过程，以实现增雨或增雪目的。

常用的催化剂有碘化银和干冰。碘化银微粒播撒在降水云层里，会形成大量的人工冰晶，让云中的水汽和小水滴在晶体上迅速凝华和结晶，长大并不断经过碰并，最终变成雪花降落；干冰播撒在冷云云层里，会促使云层迅速降温，云内的水汽、小水滴和小雪晶迅速集结在它的周围，迅速冻结或凝华长大并经过不断碰并，最终变成雪花飘落大地。

每一次增雪作业，人工影响天气作业人员，都要精密组织，周密计划，执着追踪监测和实施催化作业，无论是驾驶飞机穿入云层，还是用高炮、火箭以及烟炉将催化剂送入云中，作业人员就如同人类使者与天宫亲密对话，邀请"天宫的精灵"来到人间，装点寒冷失色的世界，播撒下欢乐与希望。

抵御"温柔的杀手"

在秋冬季节，雾，经常会在悄无声息中笼罩大地，朦朦胧胧，久聚不散，给交通带来严重安全隐患，给农作物带来湿害威胁，有时还会加重环境污染，雾中还包含大量的有害物质危及人们身体健康，所以有人把雾称为"温柔杀手"。

雾是悬浮在空气中的大量小水滴和小冰晶的集合体，它形成的物理过程与云类似，只是云在高空，雾接地面。雾出现时空气中大量的液态水或冰晶聚集悬浮对光形成散射，但这种散射与波长关系不大，因而雾看起来常呈乳白色或青白色和灰色。

从天气学角度而言，雾有蒸发雾、辐射雾和平流雾之分。从雾的物理结构和人工消雾的观点而论，则分为过冷雾（一般称冷雾）、暖雾和冰雾。当雾中的气温在0℃及0℃以下时称冷雾，在0℃以上时称暖雾，在-30℃以下时称冰雾。

人工消雾，就是通过人工手段减少雾滴或扰动空气使雾消散，达到改善能见度、降低污染和危害等目的。冷雾和暖雾有不同的消雾方法。

人工消冷雾，类似冷云催化。一般情况下，温度降到0℃时，冷雾中大量的水汽以过冷水滴的形式存在；当气温低于0℃但高于-10℃时，有一半以上是未凝结的过冷水滴；当气温降到-20℃时，过冷水滴才大量减少，变成冰晶；气温降到-40℃及更低时，云雾中无论有无凝结核，水汽都会直接凝华成冰晶。通过人工手段将碘化银、干冰、液氮、丙烷等催化剂播撒到冷雾中，增加雾中的人工冰核，加速冷雾中水汽、过冷水滴以及冰晶的凝结（凝华）、碰并，不断分裂聚合长大，最后降落到地面，从而达到人工消雾的目的。

人工消暖雾，主要有三种方法，分别是吸湿法、加热法、扰动混合法：

吸湿法，类似于暖云催化。在雾中播撒食盐、氯化钙溶液或尿素等吸湿性催化剂，产生大量凝结核，凝结核吸附雾中大量的小水滴，迅速凝结长成大水滴，大水滴降落地面，达到消雾的目的。

加热法，在雾区安装能喷射高温气体的发动机系统，加热空气，以蒸发雾滴。主要适用于机场跑道等小范围区域，通过大量燃烧汽油等燃料，加热空气使雾滴蒸发而消失。

扰动混合法，人工扰动混合法是用直升机在赛区等小区域范围内的上空搅拌空气，把雾顶以上干燥空气驱动下来与雾中水汽混合，使上下干湿空气混合，达到消除雾的目的。

不过，人工消冷雾的技术目前比较成熟，实际中已多有应用，人工消暖雾受各种条件制约，主要还以试验为多。

人工影响天气能否清除"霾"？

近些年来，我国生态环境治理取得了显著的成效，冬季出现的大面积霾天气越来越少。而在十几年前，人们还常常谈"霾"色变。特别是 2013 年，"雾霾"更成为年度关键词。那年的雾、霾过程笼罩全国 30 个省（自治区、直辖市）。有报告显示，中国最大的 500 个城市中，一度只有不到 1% 的城市达到世界卫生组织推荐的空气质量标准，曾经，世界上污染最严重的 10 个城市有 7 个在中国。特别在我国北方地区秋冬季节受雾、霾的影响更为严重。有人开玩笑说："世界上最遥远的距离，不是生与死，而是我就站在你面前，你却看不见我。"

实际上，人们常说的"雾霾"并不是一个科学准确的概念，按气象学上的定义，"雾"和"霾"有着本质的区别。

雾

通常水平能见度降低至 1000 米以内，我们就将悬浮在近地面空气中的大量小水滴和小冰晶的集合体这种天气现象称为雾。

霾，也称灰霾，是指悬浮在大气中的大量微小尘粒、烟粒或盐粒的集合体，组成霾的粒子极小，不能用肉眼分辨，但在特定的大气条件下（如微风、逆温等稳定大气状态下），如果人类活动向大气排放过多的污染物质，使空气中的气溶胶不断在某一区域聚集致使其浓度过大，产生可见的光散射时，人们就能感觉到大气混浊、视野模糊，当水平能见度小于 10 千米时，就形成了霾。

霾

霾的核心物质是空气中悬浮的灰尘颗粒，即气溶胶粒子，特别是细颗粒物。霾散射波长较长的光比较多，因而看起来呈黄色或橙灰色。

霾的源头主要是工业污染，如汽车尾气、工业排放、建筑扬尘、垃圾焚烧等，通常是多种污染源混合作用形成的。同时，不利于污染物扩散的静稳天气条件也是形成霾天气的一大"帮凶"。

有人说，既然有气象条件影响，那么人工消霾是否可行？

从既有试验来看，人工影响天气消减雾是有一定的效果，但消霾效果并不理想。

有的科学家认为，理论上靠人工方式引入风、雨、雪，会对消霾起到作用，即依靠人工影响天气改变大气动力状态或实现降水来促进霾的扩散或沉降，通俗点说，就是利用风来吹，加速污染物扩散，利用雨来冲，加速污染物沉降，以此达到减少空气中霾粒子含量的目的。

不过，也有科学家认为，这样的技术消霾，作用微乎其微。

《中国科学报》2015 年 1 月 20 日的文章《人工消霾能否一扫而"净"》中提到：早在 2013 年 11 月，南京市就曾在六合、浦口实施人工增雨减霾作业，据称增加 30% 左右的雨水。但当地的气象专家随后表示，短时大雨虽然对于清除污染物有用，但能消除多少霾也很难说。

此外，人工增雨的条件要求苛刻，霾条件下要实现人工的增雨难度非常大。因为，人工增雨首先必须有满足降雨条件的云，此时大气处于不稳定状态。而霾出现时，多数时候恰恰为静稳天气，不具备开展人工影响天气的条件。

同样，2013 年 1 月，武汉市也曾为消霾进行人工增雨作业。由于天气条件有限，云团中水分不足，雨水迟迟没有落下，人工增雨除霾未能获得成功。

此外，还有科学家认为，消霾带来的能源消耗和污染，可能会远远大于已发生的污染消耗，人工消霾得不偿失。

英国伦敦曾用了 60 多年时间进行霾的治理，最终还是依靠转移搬迁污染企业才得以解决。人工消霾试验很大程度上要依赖可遇而不可求的天气条件。因此，要想从根本上解决霾的危害，从源头控制污染问题才是根本。

人工消雨真能让雨"遁"形？

现如今，人工增雨对人们来说已不再陌生，经常成为社会关注的热点，也频频冲上媒体的热搜。可是有人就提出疑问，既然我们现在可以人工增雨，那么是不是也能人工消雨呢？回答是肯定的，人工消减雨多年来已先后在我国一系列重大活动保障和重要节日庆祝活动中发挥重要作用。

那么什么是人工消（减）雨呢？

人工消（减）雨，就是指在所在区域上游云层中实施大规模、大范围的人工催化作业，促使改变自然云降水发展状态或前进路径，实现所在区域的降水延缓或减弱。

实现人工消（减）雨，一般有这样两种方法：

一是让雨提前下，就是在所在区域的上游较远区域的云层中开展人工增雨作业，播撒适量的催化剂，加速自然降水的发展状态，促成降水提前实现，以此达到调节降雨的时间、空间分布，实现所在区域无雨或小雨；

二抑制降水，通俗地讲就让老天憋着别下或少下。就是在所在区域的上游邻近区域，大量过量地播撒高浓度催化剂，形成超大量的人工冰核，与自然降水云层中的冰晶"争食"有限的水分，使得相互间都不能快速长大成雨滴降落地面；同时，在云顶或云层中间，播撒高浓度成核剂形成人工冰核，引发云内气流下沉，也可抑制云和降水的发展，消散云体、延缓和减弱降水的产生，达到消云减雨的目的。

其实，要真正成功实施人工消雨并不容易，准确的天气预报是重要前提，消雨的第一步就是分析天气实况。只有准确把握天气变化，找准目标云团，才能"有的放矢""弹无虚发"。

当然别忘了，人工消（减）雨作为人工影响天气的一项重要内容，也依然尚存许多未解之谜有待探索和研究，特别是人工消云、减雨作业技术还属于气象科学的前沿，在世界范围内还基本处于科学试验的范畴。

人影专家张蔷曾介绍，人工消云减雨，目前只是针对较弱的降水天气过程效果会比较明显，对于极端天气气候事件、强降雨过程，可能只能降低降水强度，而不能达到完全消除的效果。一旦遭遇大的系统过程，最理想的结果也只能是短时间的"暴雨化小，小雨化无"。

所以，对于人工消雨的认识不能绝对化，希望随着我们科技的不断进步，人工影响天气事业中的更多难题早日解决。

人工影响天气催化剂对人有害吗？

人工增雨（雪）使用的碘化银是否有毒？这个话题曾一度在网络上引发争论。

有的人说，千万别让孩子玩雪，因为雪是人工增的，用的碘化银催化剂有毒；更不要吃雪，玩后要及时洗手，防止对皮肤、眼睛等造成伤害；雪融化后的 3 ～ 4 天内是碘化银漂浮物最多的时候，要戴口罩。

有人还发布了"如何识别人工增雪"的"提示"：比如那种粒状的雪沫，用手捏不容易捏成团的就是人工增的雪等；还有人郑重其事地告诉大家：专家提醒，人工增雨（雪）用了碘化银催化剂，碘化银是有毒的。

看着这些错误信息在网络上不停地被转发，那些顶风雪、冒严寒、辛苦开展人工增雨（雪）作业的工作人员情何以堪呢？本来是做好事，却被大家认为播撒有毒物质。

好在有主流媒体的及时发声，通过采访权威专家将正确的知识传递给大家，关于人工增雪有的谣言不攻自破。

目前我国人工影响天气常用的几种催化剂：干冰、液氮、碘化银，这些催化剂都具有很高的成冰能力，每次作业只需要少量。

干冰、液氮在播撒后分别汽化为二氧化碳、氮气，它们本身都是空气的主要组成部分，因此不会对环境造成污染。

而碘化银含有银离子可能对人体和生物有害，但由于人工影响天气使用的催化剂量很少，也不会造成污染。

美国、苏联等国家做过监测，发现长期进行人工增雨的区域在水体和土壤中积累的银离子远低于卫生标准。北京市有关单位在长年作业的区域也进行过监测，并得到银离子远低于我国饮用水安全标准的结果。

最后，人工增雨（雪）本身是物理过程，不存在化学变化，不产生新物质。因此，正确使用人工影响天气催化剂不会造成环境污染。

人工增雨是想增就能增吗？

现在，我们已经了解了人工影响天气原理和所需要满足的条件，知道人工增雨不是那么任性和随意的，人工增雨作业，除了必备的天气条件，还有部门、人员、装备、计划、空域以及指挥等各环节的流程条件。

目前，按照气象部门业务规范，一次完整的人影作业过程被分为五部分，行业叫法为"五段式"人影作业流程，即五个阶段。

第一阶段是作业过程预报和作业计划制定，是指作业前 72 小时到作业前 24 小时，依据气象台的天气过程会商结果，制定下发作业计划，通知作业人员提前进行相关部署。

第二阶段是作业潜力预报和作业预案制定，是指作业前 24 小时到作业前 3 小时，利用模式计算结果，对作业潜力区进行分析研判，制定下发作业预案，相关部门开始进行作业调度。飞机作业需要完成飞机、机载设备的检查以及催化剂准备等工作，地面作业点需要完成人员集结、弹药准备等工作。

第三阶段是作业监测预警和作业方案设计，是指作业前 3 小时到作业前，实时监测卫星、雷达、探空、地面雨量等，根据实测设计作业方案，修订作业区域，申报空域，上报作业计划，作业人员到达各自岗位。

第四阶段是作业跟踪指挥，是指作业开始后 3 小时，对作业进行监控，飞机作业需要地面指挥与飞机上的作业人员进行实时沟通，规避危险，修正作业航线；地面作业需要指挥部门实时下发作业参数，提供科学的用弹量和作业区域。

第五阶段是作业信息收集和效果检验，是指作业完成后对作业信息进行收集汇总，包括用弹量、使用焰条剂量等，并及时上报，计算合理的影响区域，根据实际降水量进行作业效果评估，并将最终结果上报归档。

这五个阶段的启动实施，前提是基于自然天气的演变与发展，但五个阶段中所涉及的监测预报、计划审批、空域申报、指挥作业等流程，以及部门、人员、装备、物资等众多环节，每个环节都不能出问题，特别是计划和空域审批环节，涉及众多因素，往往决定着是否可以开展作业。

所以要完成一次人工影响天气作业，天时、地利、人和一个都不能少，每一次成功作业的背后，都有各部门的协同、配合和支持，都有作业人员的精心尽心和默默付出。

第三部分
"插上现代化翅膀"的人工影响天气

"千里眼和顺风耳"

观云识天是天气预报的基础工作，也是人工影响天气的前提。以前气象工作者都是用肉眼来观云识天，如今科学家运用科学仪器定量地观测云，通过云系的分布分析天气形势。得益于卫星、雷达这些最先进的探测仪器，如同有了"千里眼"和"顺风耳"，研究人员不仅可以看到更广范围的云层系统宏观特征，还能看到云层系统的内部结构，这更有利于了解云在天气过程发生中扮演的作用。云的"秘密"正在逐步揭开，预报模拟云生成和消散的精细化过程，可以使天气预报更加准确，也为人工影响天气研究的深入、提升人工影响天气技术和能力奠定重要基础。

截至 2021 年底，我国已形成由 3 颗风云极轨卫星、5 颗风云静止卫星组成的卫星组网观测，190 余部新一代天气雷达投入运行。地面监测站网也不断延伸，气象监测的"盲区"越来越少，初步形成了天基、空基、地基立体气象综合观测体系。

按照轨道的类型，卫星观测可分为两类：一类是极轨卫星，也叫太阳同步轨道卫星，其轨道面与太阳始终保持相对固定的取向，卫星几乎以同一地方时经过世界各地；另一类是静止气象卫星，也叫地球同步气象卫星，卫星相对于地球某一区域处于不动的状态，因此静止气象卫星可连续监视某一固定区域的天气变化。

气象卫星携带着各种先进的设备和仪器，能够获取各种气象资料，为天气预报和大气科学研究等提供重要服务。

气象卫星搭载的几种仪器

卫星探测在人工影响天气中应用非常重要，卫星图像是监视云层变化、天气系统和中小尺度天气的有效工具。它覆盖面广，且自动化接收，展示了云、天气系统的空间连续性。从静止卫星上可获得频繁的短时间间隔图像，可用于跟踪高空大气环流演变的特征，可见光和红外线卫星图像上的云型，可视作是对中尺度过程的目测，特别是当观看动画图像时，可以直观地看出中尺度系统的发展变化过程等重要特征。

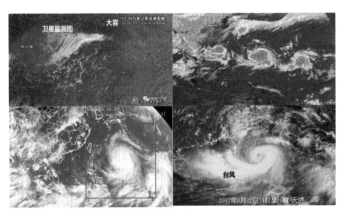

卫星云图

研究人员根据卫星观测资料，结合高空和地面等其他观测信息联合进行反演，进一步了解云的高度、温度、厚度及云量、云中含水量、云粒子大小等参数，为实施开展人工影响天气作业提供重要的理论和技术支撑。

气象雷达是专门用于大气探测的雷达，是气象监测的"顺风耳"。常规雷达装置大体上由定向天线、发射机、接收机、天线控制器、显示器和照相装置、电子计算机和图像传输等部分组成。气象雷达是用于警戒和预报中、小尺度天气系统（如台风和暴雨云系）的主要探测工具之一。

C 波段多普勒天气雷达　　　　　X 波段小型多普勒天气雷达

雷达探测在人工增雨防雹中的应用主要有两个方面，首先是遥测和监视云带和降水，以了解云的物理结构和特征，作为选定作业区域、作业目标、作业方法以及作业具体实施依据；另外一个是引导指挥人工增雨和防雹作业及作业效果检验的依据。

"耕云播雨"不是梦

飞机作为重要的人工影响天气作业装备，是怎么发挥它的优势和作用的呢？今天我们就来谈谈飞机增雨作业那些事儿吧。

人工增雨作业飞机作为人工增雨的重要装备，目前在我国常用的主要有国产的运 -12 型、运 -5 型运输机和新舟 -60 高性能运输机，以及从国外引进的国王 350 高性能飞机等，全国共计有 50 余架专门用于人工影响天气作业的飞机。

飞机可携带催化剂直接飞入云层，像播种机在田野上播种一样，在云层内或云层顶部播撒催化剂，促使目标云层气流上升或增加目标云层内的人工冰核，加快云滴、雨滴或冰晶转化形成降雨或降雪。人工影响天气作业人员形象地称之为"耕云播雨"。

飞机作业的优势主要表现在作业的精准度高、催化剂把控力强，作业范围广，同时能够一举多得，能够兼顾对大气物理环境或降雨云层内部变化情况等进行探测，获取大量珍贵的数据资料，为研究开展人工影响天气工作提供重要的技术基础。

首先，作业精准度高，如何实现？

作业人员根据监测预报制定作业预案和设计作业方案，确定作业的云层区域，以及需要开展作业的飞行架次、催化剂的用量。

飞机作业机组和技术人员做好飞机、机载设备的检查以及催化剂准备等工作。

作业指挥人员申报空域，上报作业计划，作业人员到达各自岗位。

按照计划和空
域批复飞机起飞作
业后，地面指挥人
员通过地空通信系
统，与飞机上的作
业人员进行实时沟
通，结合地面雷达、
高空卫星监测资料

人工影响天气作业飞机

和作业飞机挂载的各种探测仪器实时监测数据，持续修订飞行航线，
规避风险，在批复空域范围内找到准确的作业云区，并根据作业云区
参数，确定播撒催化剂的时机和用量，完成作业。

在地空协同、科学监测和实施数据的支撑下，飞机作业的精准
度大力提升，避免了盲目作业和安全风险，也进一步保证作业的
效益。

其次，催化剂的把控力，如何增强？

相比火箭和高炮，人影飞机一次可以携带的催化剂的量远高于火
箭弹或炮弹，同时可根据地空实时监测数据科学决定和控制催化剂的

太原机场地勤保障工作人员雨中给人影飞机加油

人影作业飞机在云层中播撒碘化银催化剂

播撒用量。以运 -12 型作业飞机为例,一架飞机每次作业可以携带 10 ～ 20 根碘化银焰条,而 1 根焰条中碘化银的含量就相当于火箭弹的 10 倍以上,这不仅有利于飞机在空中抓紧时机播撒足量的催化剂,同时因天气变化的不确定性,目标云区在飞机到达后,作业条件已经发生变化,这种情况下,飞机上的作业人员就可以根据情况决定全部或部分点燃作业催化剂焰条,如果目标云区已不适宜作业,则可选择不点,有效避免浪费,节约作业物资。

再次，作业范围，有多广？

机舱外挂的观测设备

  飞机作业是直接进入云层播撒催化剂，因此不管是山区还是平原、河流还是陆地、城市还是乡村，在保障飞行安全的前提下，都可以根据降水云系特性和云系发展趋势，拓展空间作业范围，提高成云致雨能力。而且一次合理的飞机作业，影响面积往往可达数千平方千米，受益范围宽广。

最后,"一举多得",有哪"多得"?

很多经过改装、验收合格的高性能人影飞机,不仅可以携带碘化银催化剂,还可以携带焰弹、致冷剂或是吸湿剂。当开展人影作业时,就可以有的放矢,针对暖云、冷云或是混合云播撒不同类型的催化剂来实现人工增雨的目的。同时,它的机舱内外可挂接各种观测仪器,这不仅为科学开展人工影响天气提供了可靠的探测数据,也为后续做科学研究提供了第一手的观测资料。

火箭作业的独特优势

2019 年 3 月 29 日,山西省沁源县王陶乡王陶村发生森林火灾,火势迅速蔓延到多个乡镇,持续长达 7 天。火灾发生地以山区为主,地形复杂,地势险要,天气条件复杂,山间"乱头风"多,扑火难度大。

当地气象部门根据火场情况,迅速组织作业力量,在火场上游区域勘查设立 9 个临时性火箭人工增雨作业点,做好随时开展人工增雨作业的准备。同时,根据林区植被种类和特点,为了避免爆炸式炮弹和火箭弹引起复燃的潜在风险,所有临时作业点一律选用伞降式人工增雨火箭弹。人员到位、装备到位、弹药安装完毕,万事俱备只等"东风"——作业天气条件的到来。

终于在森林燃烧的第 7 个夜晚,难得的天气过程到来,焦急等待的气象部门抓住时机,命令一出,人工增雨作业人员按动发射按钮,一枚枚火箭弹喷吐着尾焰,划破漆黑的夜空,从发射装置上迸发,直冲云霄,向火场上空云层飞去,精准地将催化剂播撒到云层中间。不多时，火场上空的雨滴由小变大，由稀疏变密集，最后连成雨线，还在挣扎复燃的"火魔"终被缚住了"咽喉"，丧失了最后的力气，灰飞烟灭。7天7夜的奋战抢险取得彻底的胜利。

这是一次应对突发森林火灾，气象部门实施火箭人工增雨作业的生动情景。火箭人工增雨是人工影响天气地面作业的一种。相比其他人工增雨作业的方式，火箭增雨有着自身的独特优势。

人影作业火箭

人影作业火箭不同于发射卫星的大型的运载火箭，是一种小型的探空火箭，体量小而轻，操作简单，运输方便，发射地点灵活，随时可以根据情况转换场地，对于应对森林火灾、重大活动保障、生态修复、水库蓄水等特定的区域作业来说具有无可替代的作用。基层作业人员形象地比喻为"可以拉着火箭架追着云打"。

当然，火箭作业虽然机动灵活，但也不是毫无标准的任意地方都可以作业。按照要求，火箭发射场地和落点要远离村庄、集市等人口密集地区，远离油库、发电厂、变电站、仓库及其他重要的建筑设施；发射地面要求平整坚固，无易燃物；火箭弹飞行所覆盖的区域内，应避开供电线路、通信线路、飞机航线等空间障碍物。

WR-98 增雨防雹火箭实物

人影作业火箭系统构成比较简单，主要由火箭和发控系统两大部分组成。

人影作业火箭是由发动机、播撒舱、伞舱（安全着陆系统或自毁装置）、尾翼组成。以 WR-98 型火箭弹为例，在气象雷达系统的导引下，发控系统将携带有催化剂的火箭弹发射到作业云层的关键部位，火箭发动机保证火箭弹沿一定的弹道飞行，播撒装置点燃催化剂，通过高效燃烧模式将催化剂播撒到云层，对作业云层进行催化。着陆系统是在火箭弹完成催化后，打开伞舱使火箭弹残骸以安全的速度着陆，确保不损伤地面的人和物。尾翼是保证火箭弹在飞行过程中的稳定飞行。

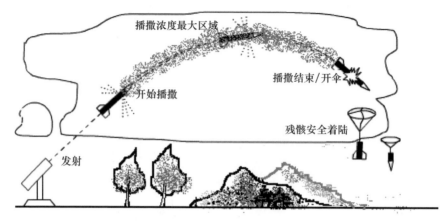

播撒浓度最大区域

播撒结束/开伞

残骸安全着陆

开始播撒

发射

人影作业火箭增雨流程

　　人影作业火箭，根据其回收方式分为爆炸式火箭弹和伞降式火箭弹两种。爆炸式火箭弹在云中播撒完催化剂后采取爆炸自毁的方式回收残骸，其单个的残骸碎片一般不大于 100 克，会自由降落到地面。伞降式火箭弹则采用降落伞方式回收残骸，会在设定的开伞时间张开降落伞，并携带火箭残骸以不大于 8 米 / 秒的速度着陆。

　　发控系统由发射架和控制器组成。发射架可分为地面式、车载式、拖车式，用于支撑和固定火箭，保证火箭瞄准目标，顺利发射出膛。控制器则是火箭系统的中枢，包括了电源、保险及各类状态灯，以及安全和应急处置开关等，承担着

火箭作业

火箭发射的状态监测、指令传输控制、安全和应急保障等重任。

随着科技的不断进步，自动化火箭发射系统已经大量普及，该系统自带充电电源、无线遥控操作、自动调整姿态、作业信息自动记录，极大地减轻了人力劳动，提高了作业的科学性、规范性。

"大炮一响，黄金万两"

"抗干旱，除冰雹，雨滴娃娃，亲个蛋蛋；人影人要牢记，炮口避开禁射区，高炮仰角超过 45°，火箭仰角超过 55°，弹药定要管理好……"。这是山西省隰县村民自编的一首赞扬人工影响天气工作的歌曲。歌里描写了人工增雨抗旱和防雹工作，还描写了人工增雨防雹过程使用的不同作业工具和作业要求，反映出人工增雨防雹工作在当地村民心目中的重要地位。

说到人工增雨防雹，该村书记说："在俺们村，雹打过，果树三年缓不过劲，自从有了炮点，村子里就好像装上了保护伞，很少让冰雹再打，不但保护了自己的村子，把附近村庄也都保护了，大家伙都说'大炮一响，黄金万两'。"

人影作业高炮

的确，人工防雹工作，在人工影响天气工作中是最能看得到和感受得到直接效果的。

高炮人影作业的优势也很明显，可在固定目标区和对飞机飞行安全有威胁的强大对流云实施作业。

特别是在人工防雹作业方面，现阶段，人工防雹普遍使用的是口径37毫米和57毫米高炮，通过将携带碘化银催化剂的炮弹，在合适的时机发射到云中适当部位，炮弹在云层中爆炸，一方面利用冲击波对云层气流运动产生干扰，另一方面炮弹中的碘化银催化剂被扩散到云中，使云内产生更多的云滴或小冰晶，大量的云滴或冰晶都参与到捕捉云内水分的活动中，进而产生适量或过量的人工冰核，达到增雨或防雹的目的。

高炮人影作业是一项技术性强、安全性要求很高的工作。高炮作业需要提前向空域管制部门申请作业空域，需要多方协调配合才能完成。同时，作业所用弹药属于危险爆炸物资，发射和保管都必须严格遵守相关流程、规定。人工影响天气高炮普遍为部队退役高炮，是真正的炮弹中携带了一定量的催化剂，所以要严格按照流程安全操作高炮。

高炮作业

作业的炮手也必须经过专业培训并取得合格证才能上岗操作。一台高炮一般配有三到四名炮手，一炮手负责方向瞄准，二炮手兼任炮长，负责高低瞄准和击发，三炮手、四炮手负责装弹压弹。

当作业条件合适时，当地县级及以上气象局会及时申请作业空域，并向相关作业站点发布作业指令。作业点炮长收到指令后，按照指令指挥作业人员完成炮弹击发作业，作业过程必须在指令批准的时间内和空域范围内完成，否则任何时候都不得开展作业。

高炮作业站点一般根据当地天气、气候特点，兼顾考虑地形特征，多选择在冰雹云和增雨作业云系生成区域或经过频率最多的路径上，并且远离人群密集区和厂矿设备等重要区域。

高炮作业点都属于高危区域，实施作业期间，炮位40米范围内不得有围观人员，不得放牧等，防止弹壳飞溅伤人。如果在作业区发现未炸的炮弹，也不能自行拆卸，应及时联系当地作业人员，以便妥善处置。

"搬上山的大烟囱"

人工影响天气常用的地面作业装备中，除了高炮和火箭，还有一个装备比较有趣。它的外形和作业时的状态，与我们日常生活中的烟炉很像，所以人们把它俗称为"烟炉"，把这种人工影响天气作业的方式叫作烟炉作业。由于烟炉的选址建设一般都在山区的迎风坡，每次作业都是烟雾缭绕，所以也有人称它是"搬上山的大烟囱"。

烟炉建设成本低，作业指挥环节少，且不受空域、时间限制，还可远程操控，不影响空域正常飞行，尤其能有效弥补飞机、火箭、高炮等人影作业方式的局限性，能够提升复杂地形、区域的人影作业效果和覆盖面，近些年来，在我国越来越多的区域得以推广应用。

烟炉，确切地说，是人工影响天气作业地面发生器或地面播撒系统，是一种在地面燃烧催化剂，实施人工增雨（雪）的装置系统。

晋城市陵川县冶南农生园增雨烟炉

烟炉由地面焰条、地面播撒装置、点火控制器、控制软件组成。

地面播撒装置为户外固定设备，控制系统采用太阳能电池板供电，地面焰条提前放置在地面播撒装置内，在具备气象条件的情况下，通过室内计算机软件远程遥控发出检测、点火信号，点燃焰条，烟雾在播撒器的导引下，上升到高空，随着上升气流进入云层，实现播撒碘化银催化剂，影响云的微物理转化过程，达到增雨、增雪等目的。

由于山区海拔高度较高、气温低，空中水汽含量大，地形云具有比其他地区更高的增雨潜力。烟炉一般选址建设在山区易形成地形云的迎风坡，对流云形成、发展和气流上升的区域或降水云系移动发展的主要路径上。

当遇到有利的天气系统时，人影作业人员只需通过室内计算机指挥平台，远程操控点燃烟炉内的催化剂，催化剂烟雾在上升气流的带动下逐渐升入云层，增加云中雨（雪）滴凝结核，加大水滴降落速度和密度，成功完成人工增雨、增雪作业。

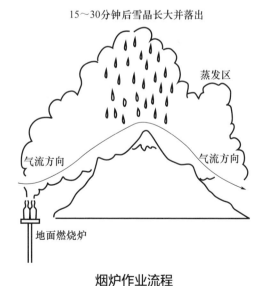

烟炉作业流程

烟炉

特殊的"身份证"

在生活中,我们每个人都有身份证或户口本,人工影响天气弹药或催化剂焰条,以及有关作业装备等也有它们的"身份证"。这个"身份证"比较特殊,是近几年才启用的,这就是我们现在普遍应用的二维码,又称二维条码。

二维码,是用特定的几何图形根据一定规律在二维平面上分布形成的图形数据信息集成的符号标志。作为一种全新的信息存储、传递和识别技术,加快了数据采集和信息处理的速度,改善了人们的工作和生活环境,为管理的科学化和现代化做出了重要贡献。

二维码在人工影响天气工作领域,主要被应用于人工影响天气弹药及装备的安全管理等方面,提升了人工影响天气安全管理工作的信息化和科学化水平，使人工影响天气安全管理更加高效而且有效。

而在此之前，很多地方人影弹药、装备的管理基本属于粗放型，弹药、装备转运、使用、保管等中许多环节都依赖于人工手动录入，数据的准确性、时效性也难以保障，加之安全监管问题，如同一把"达摩克利斯之剑"时刻高悬在人影安全管理人员的头上，随时都可能落下，人影安全管理不仅不安全，还是最大的风险和隐患点，成为气象工作的高危领域。

自从二维码在人工影响天气安全管理中应用后，每枚炮弹、火箭弹和每个装备自诞生那一刻起便如同我们每个人出生的那一刻起，有了自己的"身份证"号，它的生平便开始有了记录。

炮弹弹身、装备上、焰条上、运输箱上都有二维码

以一枚炮弹为例，它的"生日"（生产日期）、"年龄"（周期）、"籍贯"（生产厂家地址）、"身高"（长度）、"体重"（质量）、"专长"（增雨弹、防雹弹、训练弹）等信息都会通过二维码被计算机系统读取，进入特定的系统平台留下初始记录，而后随着它的"经历"（出厂、采购、运输、入库、保管、出库、使用等过程）不断丰富，每个环节只要管理人员用光电扫描设备读取一次二维码，其最新的信息便被补充进系统平台，直到该枚炮弹被作业使用完成，它的所有信息都

在系统平台中被完整记录。就像每个人的身份证也会跟随我们一生一样，这个二维码也跟随炮弹走完所有环节。

同时，这个过程中，各级管理人员通过特定的计算机系统平台，都能及时掌握这枚炮弹的各种动态信息，真正做到有效监督、监管，即使期间有某个环节的管理人员出现疏忽，但其他环节的管理人员也都能够看到相关信息或及时发现问题，多点共管，多重预防，切实消除了管理漏洞和风险隐患。

物联网"编织"人工影响天气安全网

二维码在人工影响天气领域的应用，对提高人工影响天气安全管理工作的信息化和科学化起到重要作用。但是，二维码其本身并不能独自使用，需要与特定的计算机系统平台和光电扫描技术结合，融入到特定的计算机网络系统才能使其作用真正发挥。而这个特定的计算机网络系统就是今天我们要说的人工影响天气物联网系统。

物联网，顾名思义，就是物物相连的互联网，是利用互联网等通信技术把智能传感器、控制器、机器、人员和物资等通过新的方式联结在一起，形成人与物、物与物相联，实现信息化、远程管理控制和智能化的网络。

人工影响天气物联网系统，是将物联网技术引入人工影响天气领域，利用条码和射频识别技术、声电光自动感应技术、移动互联技术等，建立人工影响天气装备、弹药及相关物资的物联网管理系统，实现对人工影响天气装备、弹药、物资等的生产、验收、采购、出入库登记、转运、仓储、使用、报废等环节进行全流程监控与管理，建设飞机与地面作业信息的自动采集系统，实现人工影响天气作业装备、弹药、物资全程、规范、自动化、实时监控与管理，提高人工影响天气作业安全管理的科技水平和业务现代化程度。

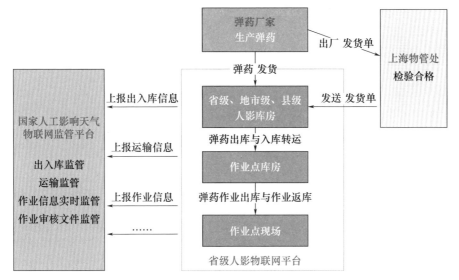

人工影响天气弹药物联网系统流程

以山西人工影响天气弹药物联网监管系统为例，系统平台呈现六大管理功能：一是库房管理，包括存储管理、信息管理、弹药追踪信息、出入库记录、弹药报废、收货管理、生产批次、出货管理等；二是运输管理，包括车辆、装车、卸车管理等；三是作业管理，包括作业信息、作业记录、作业统计等功能；四是装备管理，包括装备管理演示，装备管理模块；五是数据管理，包括单位、仓库、作业点、用户、人员、车辆、弹药等信息采集、存储和管理等；六是采购管理，包括省、市、县各级单位用户申请采购弹药或装备等。

通过物联网系统，六大功能区横向承接国家人工影响天气物联网监管平台和上海物管处，纵向连接弹药生产厂家，各市、县级人工影响天气弹药库房、作业点弹药库房及作业现场。每个环节的管理人员，通过为其专门配备的二维码手持机，将人工影响天气弹药动态实时信息读取到物联网系统，使弹药从生产、验收、采购、运输、仓储、转运、作业等所有环节自动衔接起来，整体形成闭环管理，物联网系统内各级监管平台均可以实时查询监控弹药动态，提高了人工影响天气作业安全管理的科技水平和业务现代化程度，以及对作业弹药的全程监管能力。

特殊的保险柜

谈起保险柜，大家并不陌生，是一种用来存放贵重物品的特殊容器，功能主要为防火、防盗等。但是怎么会与人工影响天气有关系呢？

众所周知，人工影响天气作业通常需要借助飞机、高炮、火箭等装备将适量的催化剂播撒至云中适当部位来实现增雨或防雹的目的。飞机携带催化剂飞行至云中适当部位进行播撒，就好像战斗机携带武器在云中穿梭打击敌方飞机；高炮、火箭发射携带催化剂的炮弹、火箭弹至云中适当部位进行播撒，就好像陆地防空坦克发射炮弹打击敌方飞机。没错，人工影响天气工作者就好似空军和陆军，所用的催化剂就好似作战使用的弹药。鉴于人工影响天气作业弹药的特殊性，将弹药存储在专用的保险柜、提升弹药存储安全性非常必要。

目前，我国对弹药等危险爆炸物品存储有明确管理要求，《人工影响天气管理条例》（国务院令第 348 号）第十六条规定："运输、存储人工影响天气作业使用的高射炮、火箭发射装置、炮弹、火箭弹，应当遵守国家有关武器装备、爆炸物品管理的法律、法规。实施人工影响天气作业使用的炮弹、火箭弹，由军队、当地人民武装部协助存储"；

公安部 2006 年第 1 号公告《民用爆炸物品品名表》将人工影响天气用燃爆器材（含炮弹、火箭弹等）列为民爆物品。

因此，加强人工影响天气用弹药安全监管的重要性不言而喻，利用保险柜可严防人工影响天气用弹药的丢失、被盗、被抢等事故发生，对消除影响公共安全和社会治安稳定的隐患等具有重要意义。

人工影响天气弹药存储保险柜

保险柜的制作按照相应的国家标准要求，箱体经过耐压和高温试验，达到防火、防盗的功能，使用过程中实行"双人双锁"管理，即两名专职保管人员各保管一把钥匙，开启门锁必须两人同时在场，进一步增强了管理的安全规范。

人工影响天气保险柜彻底消除了人工影响天气弹药存储保管安全的后顾之忧，为提升人

人工影响天气保险柜"双人双锁"管理

工影响天气弹药管理安全提供了重要装备保障。

北斗领航，天地相牵

2020 年 6 月 23 日，我国北斗三号全球卫星导航系统最后一颗组网卫星在西昌卫星发射中心点火升空。7 月 31 日，习近平总书记宣布："北斗三号全球卫星导航系统正式开通！"这标志着我国自主建设、独立运行的全球卫星导航系统开启了高质量服务全球、造福人类的崭新篇章。

北斗三号全球卫星导航系统共由 30 颗卫星组成，24 颗地球中圆轨道卫星（MEO）、3 颗倾斜地球同步轨道卫星（IGSO）和 3 颗地球静止轨道卫星（GEO），共同构成了北斗三号星座大家族。

人工影响天气工作中也于较早的时候应用了北斗导航系统，主要用于飞机人工增雨作业指挥空地通信和人工增雨作业飞机的空中飞行导航定位，被称为北斗卫星地空通信系统，主要包括地面指挥机和机载收发机两大部分。

目前，该系统兼容了北斗一代、北斗二代、GPS（全球定位系统）定位功能，具有北斗短报文通信功能。通过短报文功能，作业的时候，机上人员和地面指挥人员可以实时沟通交流。

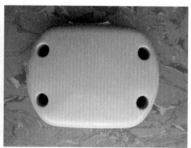

机载北斗卫星地空通信系统外观

机载北斗收发机主要由天线和主机组成，其中主机为设备的核心，采用独立模块设计，可以划分为射频模块、基带信号处理模块、导航数据处理及控制模块、电源模块，以及配套的保密模块。

机载北斗收发机可以与北斗地面指挥机组网，构成指挥与监控系统。可实时将飞机所处位置的大气温、湿等参数传回地面指挥中心，地面指挥中心通过加载雷达、卫星等观测数据，以及机上传送回的飞机位置及温、湿信息进行分析，可以通过地面指挥机与飞机进行远程短信息通信指挥，监控飞机的实时位置。实现了人工增雨作业空中和地面信息互通，切实提升了飞机人工增雨作业的科学性，增强了飞机作业的效果和安全系数。

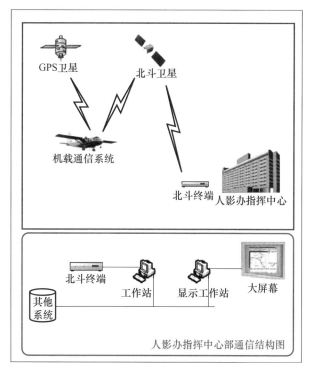

北斗卫星地空通信系统流程示意图

参考文献

车云飞，房文，李宏宇，等，2018. 物联网在人工影响天气装备弹药管理中的应用 [J]. 气象科技，46（5）：1044-1049.

邓北胜，2011. 人工影响天气技术与管理 [M]. 北京：气象出版社.

李大山，2002. 人工影响天气现状与展望 [M]. 北京：气象出版社.

李林红，沙拉木，黄晓辉，等，2018. 广西人工影响天气装备弹药物联网管理系统设计 [J]. 气象研究与应用，39（2）：78-81.

罗俊颉，贺文彬，田显，等，2013. 人工影响天气作业对空射击信息管理系统研发与应用 [J]. 气象科技，41（1）：166-169.

彭宇翔，刘国强，田英，等，2018. 贵州省人工影响天气弹药物联网管理系统应用 [J]. 气象科技进展，8（5）：27-28.

王珊，2015. 人工消霾能否一扫而"净"？[J]. 中国科学报，01（20）.

张建新，2017. "雾"和"霾"不应该连在一起说 [J]. 气象知识，(5):3.

张蔷，郭恩铭，2011. 人工影响天气实验研究和应用 [M]. 北京：气象出版社.

张庆丰，罗伯特·克鲁克斯，2012. 迈向环境可持续的未来：中华人民共和国国家环境分析 [M]. 北京：中国财政经济出版社.

中国气象局，2008. 鸟巢今夜无雨 [M]. 北京：气象出版社.

附　　录

国务院办公厅关于推进人工影响天气工作高质量发展的意见

国办发〔2020〕47 号

各省、自治区、直辖市人民政府，国务院各部委、各直属机构：

近年来，我国人工影响天气工作快速发展，作业能力和管理水平不断提升，在服务农业生产、支持防灾减灾救灾、助力生态文明建设和保障重大活动等方面发挥了重要作用。为推进人工影响天气工作高质量发展，经国务院同意，现提出以下意见。

一、总体要求

（一）指导思想。以习近平新时代中国特色社会主义思想为指导，深入贯彻党的十九大和十九届二中、三中、四中、五中全会精神，认真落实党中央、国务院决策部署，坚持以人民为中心的发展思想，贯彻新发展理念，准确把握人工影响天气工作的基础性、公益性定位，完善体制机制，强化能力建设，加快科技创新，提高作业水平，更好服务经济社会发展，为防灾减灾救灾、国家重大战略实施和人民群众安全福祉提供坚实保障。

（二）基本原则。

坚持以人为本，服务发展。把保障人民群众生命财产安全放在首位，聚焦实施乡村振兴、主体功能区等重大战略，积极开展人工影响天气作业，最大限度降低灾害损失。

坚持政府主导，统筹协调。落实地方政府属地责任，明确相关部门职责，加快构建政府主导、部门联动、军地协同、齐抓共管的人工影响天气工作格局，科学规划，统筹资源，形成工作合力。

坚持科技引领，创新驱动。把创新作为引领发展的第一动力，加强基础理论研究，实现关键技术突破，加快成果转化应用，创新人才培养机制，不断提升人工影响天气工作质量和效益。

坚持安全至上，防控结合。牢固树立安全生产是人工影响天气工作底线要求的观念，紧盯关键领域和薄弱环节，不断完善管理制度，健全监管机制，落实监管措施，提高风险防范和安全作业能力。

（三）发展目标。到2025年，形成组织完善、服务精细、保障有力的人工影响天气工作体系，基础研究和关键技术研发取得重要突破，现代化水平和精细化服务能力稳步提升，安全风险综合防范能力明显增强，体制机制和政策环境更加优化，人工增雨（雪）作业影响面积达到550万平方公里以上，人工防雹作业保护面积达到58万平方公里以上。到2035年，推动我国人工影响天气业务、科技、服务能力达到世界先进水平。

二、做好重点领域服务保障

（四）强化农业生产服务。开展粮食生产功能区、重要农产品生产保护区和特色农产品优势区干旱、冰雹等灾害评估与区划工作。加大重点区域、重要农事季节的抗旱、防雹作业力度，强化动态监测和区域联防，减轻灾害损失，保障国家粮食安全和重要农产品供给。

（五）支持生态保护与修复。针对重要生态系统保护和修复需求，因地制宜制定常态化人工影响天气作业工作计划。提升青藏高原生态屏障区、黄河重点生态区、长江重点生态区、东北森林带、北方防沙带、南方丘陵山地带以及重要河流水源区的人工影响天气保障能力。积极开展重点区域人工影响天气作业，发挥其在水源涵养、水土保持、植被恢复、生物多样性保护、水库增蓄水等方面的作用。

（六）做好重大应急保障服务。完善应对森林草原火灾火险、异常高温干旱等事件的人工影响天气应急工作机制，及时启动相应的人工影响天气作业。加强强对流等极端天气监测预警。根据重大活动需要，建立人工影响天气试验演练工作机制，制定工作方案，加强技术储备，保障重大活动顺利开展。提升军民联合应急保障能力。

三、增强基础业务能力

（七）提升监测能力。聚焦人工影响天气重点作业区域优化探测装备布局。统筹提升气象卫星监测能力，加快补上云降水空中探测短板，补充布设云降水地面探测设备，构建监测精密、技术先进的"天基—空基—地基"云水资源立体探测系统，为人工影响天气监测预警、指挥作业和效果评估提供基础支撑。

（八）提升作业能力。发展高性能增雨飞机，推进作业飞机驻地专业保障基地和设施建设，提升精准催化、实时通信和专业保障水平。加快地面固定作业点标准化建设，推进火箭、高射炮、烟炉等作业装备自动化、标准化、信息化改造和列装。推广应用高效、安全、绿色作业弹药。建设监测与作业一体化的智能物联站点。探索大型无人机等人工影响天气作业新方式、新手段。

（九）提升指挥能力。推进国家和地方人工影响天气指挥平台建设，提升指挥调度和区域协同水平。做好汛期气候趋势监测，提前研判人工影响天气作业需求。发展多源融合云降水同化分析和数值预报系统,提高作业条件识别和效果评估能力。加强空中交通管制部门与气象部门的信息融合,建立智能识别、科学指挥、精准作业、定量评估的人工影响天气一体化业务系统。

四、强化科技创新和人才支撑

(十)聚焦关键核心技术攻关。完善人工影响天气科技创新体系。支持人工影响天气基础研究、应用研究,加大重大科技攻关力度,深入开展全球气候变化背景下的云降水和人工影响天气机理研究,着力在云水资源评估、作业条件监测预报、作业催化、效果检验和效益评价等关键技术上实现突破。加快重大技术装备研发,推进人工智能、大数据、互联网等新技术应用。加强国际交流,提高技术创新开放合作水平。

(十一)改善科学试验基础条件。建设国家级人工影响天气科学试验基地和重点实验室。分类建设人工影响天气科学试验示范区,持续开展人工增雨(雪)、防雹、消云减雨、消雾、改善空气质量等科学试验,逐步提高科技水平和科技成果转化成效。

(十二)加强人才和专业队伍建设。围绕重大科技攻关,加强人工影响天气科技创新团队和高层次人才队伍建设,培养相关专业科技人才。统筹各类专业队伍集约发展,加强基层专业化作业队伍建设,强化技术培训,健全聘用管理制度和激励机制,配强骨干力量。健全人工影响天气作业人员劳动保护、人身意外伤害和公众责任保险等保障制度,按规定落实津补贴政策,保障合理待遇。

五、健全安全监管体系

(十三)落实安全生产领导责任。严格落实《地方党政领导干部安全生产责任制规定》，健全安全投入保障制度，强化风险分级管控和隐患排查治理，确保人工影响天气工作安全责任措施落实落地。制定安全事故处置应急预案，加强应急演练，依法组织开展应急救援和调查处理工作。

（十四）加强重点环节安全监管。健全部门紧密协作的联合监管机制，加强作业装备、弹药的生产、购销、运输、存储、使用等安全管理，依法加强对作业人员的备案和培训，落实空域申请、作业安全保卫、作业站点巡查等工作制度，切实消除安全隐患。

（十五）提高安全技术水平。开展人工影响天气作业装备质量提升行动，加快列装更高安全性能的作业装备，限期淘汰落后和老旧装备。作业装备生产企业要按照国家有关标准规范和要求组织生产。加强安全技术防范和信息化管理，推广物联网、智能识别、电子芯片、信息安全等技术应用。推进人工影响天气安全管理智能化平台建设，实现对重点场所、重要装备、重大危险源的远程监控和实时风险监控预警。

六、完善保障机制

（十六）强化组织领导。充分发挥国家人工影响天气协调会议制度作用，全面加强对全国人工影响天气工作的统筹规划、政策指导和区域协调。地方各级人民政府要加强对本地区人工影响天气工作的领导和协调，将其纳入当地经济社会发展规划统筹考虑，健全管理体制和运行机制，稳定人员队伍，提升队伍素质。

（十七）完善联动机制。加强中央与地方之间、部门之间、区域之间、军地之间的沟通协调，建立上下衔接、分工协作、统筹集约的人工影响天气工作机制，协同做好人工影响天气工程建设、科技研发攻关、业务运行保障以及监管、协调和服务等方面工作。优先保障人工影响天气作业空域，按照有关规定对开展飞行作业实行收费优惠或减免。

（十八）切实加大投入。将人工影响天气工作相关经费列入政府预算。完善中央和地方共同投入机制，加大对中西部地区的支持力度，优化投入结构，重点支持人工影响天气能力建设、运行和作业保障等。通过中央财政科技计划（专项、基金等）支持人工影响天气基础科学研究和重大共性关键技术研发。地方政府加强服务地方的应用研究和特色技术研发。

（十九）依法依规管理。严格执行气象法、人工影响天气管理条例、民用爆炸物品安全管理条例等法律法规，完善配套规章制度。加强对法律法规实施情况的监督检查，确保各类组织依法依规开展人工影响天气相关活动。加快推进人工影响天气标准化体系建设，提高规范化管理水平。

（二十）加强科普宣传。将人工影响天气作为公益性科普宣传的重要内容，纳入国民素质教育体系，融入国家公园、国家气象科普基地、防灾减灾基地和科普场馆等内容建设。开展多种形式的科普教育，提高全社会对人工影响天气的科学认识。对在人工影响天气工作中成绩突出的单位和个人，按照国家有关规定给予表彰。

国务院办公厅

2020 年 11 月 24 日